德国弗莱堡市政府

绿色之都 德国弗莱堡
一项城市可持续发展的范例

主　　编：贝恩特·达勒曼　陈　炼
参编单位：德国弗莱堡市经济－旅游－会展促进署等

U0254026

中国建筑工业出版社

图书在版编目（CIP）数据

绿色之都 德国弗莱堡 一项城市可持续发展的范例/达勒曼，陈炼主编.
北京：中国建筑工业出版社，2012.12
ISBN 978-7-112-14820-2

Ⅰ.①绿… Ⅱ.①达…②陈… Ⅲ.①环境政策-概况-德国 Ⅳ.①X-015.16

中国版本图书馆 CIP 数据核字（2012）第252702号

本书概括地介绍了弗莱堡市环境政策的现状。环境政策作为全面可持续发展战略的重要组成部分，所涵盖的范围非常广泛，其中包括对环境媒介，如土壤、水和空气的保护、对动植物天然多样性的保持和繁衍、符合环境可持续发展的森林管理、垃圾和废弃物管理以及城市与交通规划。本书旨在为读者提供一个有关弗莱堡市环境政策发展与现状的全面概览以及介绍该政策在城市总体规划中所扮演的角色。

责任编辑：王　梅　辛海丽
责任设计：赵明霞
责任校对：肖　剑　关　健

绿色之都 德国弗莱堡
一项城市可持续发展的范例
主　　编：贝恩特·达勒曼　陈　炼
参编单位：德国弗莱堡市经济－旅游－会展促进署等
*
中国建筑工业出版社出版、发行（北京海淀三里河路9号）
各地新华书店、建筑书店经销
北 京 嘉 泰 利 德 公 司 制 版
北京云浩印刷有限责任公司印刷
*
开本：787×960毫米　1/16　印张：12　字数：240千字
2013 年 5 月第一版　2017 年 7 月第二次印刷
定价：39.00 元
ISBN 978-7-112-14820-2
　　　　（30094）

编写单位

主编单位： 德国弗莱堡市市政府

参编单位： 德国弗莱堡市经济－旅游－会展促进署

弗莱堡市废旧经济和城市环卫有限公司

弗莱堡市二十一议程办公室

弗莱堡市项目发展和城市更新局

弗莱堡市教育局

巴登诺瓦能源公司

弗莱堡市污水处理公司

弗莱堡市林业局

弗莱堡市公交公司

弗莱堡市园林和地下工程建设局

弗莱堡市市属房屋管理局

弗莱堡市规划局

弗莱堡市环保局

弗莱堡市森林小屋基金会

支持单位： 欧洲环境基金会

德国弗莱堡市经济与公共事务国际管理咨询公司

序　言

　　城市是社会经济发展到一定阶段的产物，它的出现是人类社会走向成熟和文明的标志，也是人类群居生活的高级形式。然而，在城市极大提升了人类生活质量的同时，工业文明的发展以及城市的建设，给生态环境带来了巨大的冲击和影响。20世纪60年代以来，人们开始意识到自然环境的不可逆及其之于城市发展的重要性，绿色（生态）城市逐渐成为了全球热点话题之一。

　　当前，中国正处于城镇化快速发展的阶段，同时也是经济、资源和环境严重矛盾的时期。在全球资源日益短缺和生态环境频遭破坏的背景下，中国一方面要注重保护和修复自然环境，另一方面还需不断地以创新思维寻求社会经济绿色发展之路，即坚持科学发展观，走中国特色的新型城镇化发展道路。截至2012年初，中国有280多个地级以上的城市提出与低碳生态城市相关的发展目标，约占地级以上城市的97.6%，这显示了各地响应国家号召，积极探索低碳生态城市之路的决心。但城市建设是一个复杂的系统工程，通过低碳转型来改变城市原有的粗放发展模式，这条道路充满了挑战，需要各个阶层协同努力来克服由理论到实践的多重障碍。

　　在生态环境与经济增长两者的均衡方面，德国弗莱堡市的做法堪称典范。弗莱堡是全球公认的绿色城市之一，从弗莱堡建设的历史经验来看，其"绿色城市"的建设过程，秉承着科技与政策创新、经济与生态效益双赢的思路，逐渐形成社会、人文、自然和谐发展的模式。从20世纪80年代的节能计划，到20世纪90年代起不断进行更新的碳减排指标，弗莱堡的环境政策目标贯穿了当地政治、经济、社会、生态、教育等各方面的变革与实践，实现了城市功能良好运转、居民生活幸福、自然环境品质提升、经济产业持续发展等多维目标。

　　本书正是这样一本完整概括弗莱堡市环境政策发展与成效的书籍，其中包括城市规划、用地、交通、能源、水资源、垃圾等与城市建设密切相关的部分，涉及旅游、会展、高教等具有弗莱堡特色的领域，也阐述了全民参与绿色环保的策略，应该说具有非常全面和理性的框架。政策的统领性，对于一个城市乃至国家发展的意义是不言而喻的，以弗莱堡这样全世界范围内少有的已经形成的绿色城市为范例，其经验是很值得中国的城市政策制定者和建设者们借鉴与学习的。

如何将"集约、智能、绿色、生态"的理念融入具体的城市建设过程中，并实现为人们提供更美好的生活，这是每个城市发展的最终目标。在实现这一目标的道路上，坚持经济与环境的协调可持续发展是必由之路，尤其对于仍处于快速城镇化进程中的中国更是如此。《绿色之都弗莱堡》一书的出版，从全新的视角与我们共享其绿色硕果。随着中德两国在生态城市、绿色建筑等方面的合作越来越深入，期待我们相关领域的工作者们能向弗莱堡这样的先进城市学习，抓住机遇，共同为应对气候变化的全球事业贡献力量。

"对可持续性的强调正日益成为城镇政策制定过程中的主要指导方针，其意义不仅在于对资源的合理利用以及气候保护，同时也与经济利益息息相关。"——这句话出自德国城市联盟主席、德国县镇联盟主席以及德国城市与乡镇联盟主席于 2008 年 10 月 29 日针对德国联邦政府制定的可持续发展战略与气候保护目标所发表的一份共同声明。这份共同声明还进一步指出："气候保护不仅是制定可持续性城镇政策过程中的最大挑战之一，同时也是构成这些政策的核心因素之一……根据'放眼于全球，行动于地方'这句口号，气候保护这一目标唯有通过广大城镇的积极参与和推动才能得以实现。"

弗莱堡市在城市政策制定过程中也以其独特的方式将可持续性这一原则视为己任。弗莱堡市强调对珍贵的自然空间保护的城市总体规划方案、以节约能源、提高能效和使用可再生能源为支柱的能源政策、一贯建立在大力发展公共和区域短途交通基础上的交通政策以及明确地把在 2030 年前将二氧化碳排放量降低 40% 作为目标的这一雄心勃勃的气候保护方案都是可持续性发展在弗莱堡城市政策中的具体体现。

弗莱堡市也因此成为可持续城市发展领域的先驱者，并作为生态政策制定和城市规划方面的示范城市在国际上获得了广泛关注。"绿色都市"这一概念不仅代表了环境政策目标及其实施战略，同时也被视为是那些乐于通过讨论交换意见并积极参与可持续性政策制定以提高生活品质的全体市民的同义词。除此之外，"绿色都市"还代表了日益显著的巨大经济效应：环保经济为那些面向未来的经济行业带来了经济增长、创造了就业岗位，并逐步成为了主导城市和地区间竞争的重要因素。

与其他城市相比，弗莱堡的独特之处在于政治、经济、地理以及人文因素的完美结合：高校及科研院所的研究实力、为实现环境政策目标而精诚合作的本地企业、具备强烈环保意识的广大市民以及作为所有城市政策制定与贯彻坚实基础的德国绿党在市议会中所拥有的多数席位，以上这四大因素在本市构成了一个和谐的整体。

　　本书旨在为读者提供一个有关弗莱堡市环境政策发展与现状的全面概览以及介绍该政策在城市总体规划中所扮演的角色。在此，我要特别向所有参与本书制作的政府同事以及生活各界合作伙伴表示衷心的感谢。

迪特·萨洛蒙博士（Dr. Dieter Salomon）
弗莱堡市市长

贝恩特·达勒曼博士
欧洲环境基金会主席、德国弗莱堡市"绿色
之都"发展委员会主席、弗莱堡市经济－旅
游－会展促进署署长

今天，"绿色之都"弗莱堡已成为城市可持续发展的范例之一以及各类相关人群相互交流和沟通的平台。弗莱堡市民早就意识到：在城市发展过程中坚持对资源的可持续性利用必将造福于城市经济的发展，所以这些年来，他们和当地政府身体力行地贯彻并实施上述理念。弗莱堡近四十年的经验表明，经济增长、以环境保护为目的的各项创新型举措、社会公平以及高水平的生活品质是完全可以携手并进，相互促进的。

"绿色之都"的城市形象结合了众多的理念：可再生能源的利用；以行人、自行车专用道、公共汽车、有轨电车、远近郊火车为基础、颇具吸引力的公共交通规划；在住宅建设方面的建筑保温、热电联供方案和低能耗及被动房节能标准等。这些理念互相补充和融合，共同构成了弗莱堡市的环境和气候保护政策。特别在太阳能利用、二氧化碳减排和减少个人机动车交通方面，弗莱堡市已经获得了巨大成功。2012 年，弗莱堡市因其城市发展方面的成就在 119 座参赛城市中脱颖而出，获得德国"可持续发展奖"并被誉为"德国最具可持续发展能力的城市"。

弗莱堡市在可持续发展方面的领先地位是建立在一个由政治、经济、地理和人文因素构成的广泛基础之上的：环保教育早在小学阶段便已开始；环保政策方面的主题也成为本地高校及政策研究机构的重要研究对象；弗莱堡经济界开放的合作态度以及具有极高环保意识的市民。除此之外，弗莱堡还是众多面向未来的大型活动和展会的举办地。全世界规模最大的太阳能工业展览——国际太阳能技术展（Intersolar）便起源于弗莱堡。今天的弗莱堡正积极致力于推进本地区的能源转型，以期早日实现碳中和城市这一宏伟目标。

弗莱堡在可持续发展建设方面取得的优势将来也许会随着其他城市和地区的迎头赶上而逐步丧失。但这也正是我们的目标，因为我们希望别的城市以弗莱堡为榜样并能有朝一日加以超越，如此比学赶帮，势必会对全球的环境保护产生有益的影响。尽管如此，我们在今后仍将始终一如既往努力迎接新的挑战，力求保持弗莱堡在可持续发展方面的领先地位。因此，弗莱堡不仅应继续作为国际环境奖项获得者年度聚会的所在地，还应加强其作为"绿色智库"在城市及地区可持续发展领域所起的影响和作用。

陈 烁
德国弗莱堡市经济－旅游－会展促进署中国事务部主任、德国弗莱堡市经济与公共事务国际管理咨询公司总经理

本书的编辑过程中，得到中国城市科学研究会低碳生态城市研究中心暨北京市中城深科生态科技有限公司的大力协助，在此特致谢忱。

相信读者们可在本书中发现各种弗莱堡式的城市可持续解决方案，祝大家阅读愉快！

"所有政治都是地方政治（All politics is local）——政策总是由地方制定的。"美国政治家蒂普·奥涅尔（Tip O'Neill）的这句名言很贴切地描述了制定城镇可持续发展政策的基本方式。尽管那些在国际和欧盟范围内以及在联邦和各联邦州层面上通过协商所确定的框架条件非常重要，但这些政策所具有的影响和效果却只有在地方城镇这一层面得以贯彻落实后才能得以具体体现。

时至今日，全世界已有一半的人口生活在城市中，所有投资决策中的很大一部分是在城镇层面上做出。尽管当今城市的二氧化碳排放量已占全球总量的75%左右，但与此同时，城市中二氧化碳的减排潜力也远远高于其他任何地方。一个正确设置的、面向未来的地方性基础设施应当涵盖垃圾分类、公共短途运输以及空间利用规划等方面，以便为民众创造一个可持续的经营与生活环境。对于工业国家的城市而言，担当这一特殊的使命更是责无旁贷。

本书概括地介绍了弗莱堡市环境政策的现状。环境政策作为全面可持续发展战略的重要组成部分，所涵盖的范围非常广泛，其中包括对环境媒介，如土壤、水和空气的保护、对动植物天然多样性的保持和繁衍、符合环境可持续发展的森林管理、垃圾和废弃物管理以及城市与交通规划。

气候保护已经成为了当今城镇政策制定所面临的最重要的任务。弗莱堡市议会在气候保护措施规划中制定了在2030年前减少温室气体排放40%的目标。为实现这一目标，必须将气候保护作为横跨各个专业领域的统一任务，同时应尽力促成各方力量间的战略合作。为此，弗莱堡市专门成立了气候保护指导小组，来自政府服务机构和团体以及其他重要组织，如行会、教会、大学及地方能源署的代表可在此就有关战略性问题和具体项目交换意见。市政府自身在其职权范围之内也在节能减排方面起到了积极的表率作用，如政府办公楼已经成功地将二氧化碳的排放量降低了20%，并且还将在 2015 年前减排 50% 作为新的目标；此外，市民私有旧房的节能改造也获得了市政府所推出的"节能性房屋整修"促进和补助项目的大力支持。

所见为所知，所护为所识。因此，环境和自然的保护、有关可持续生活方式的问题以及有关何为"好日子"的探讨都必须是具体的、看得见摸得着的、容易为大众所接受、理解的。所有的规划、方案、新技术乃至基础设施建设方面的措施只有在获得民众全身心地支持并得以贯彻实施后才能体现其优越性。这一理念在弗莱堡市众多的公共合作项目中得到了积极的体现，如"作为生活艺术的可持续性（Nachhaltigkeit als Lebenskunst）"的系列活动、"CO_2LIBRI"气候保护运动以及"生活方式（LebensART）"项目等，都将对可持续发展的学习有机地融入了日常教育之中。正如"CO_2LIBRI"气候保护运动的宣传口号所倡导的那样：让我们共同努力提高生活质量，降低 CO_2 排放！

盖达·司徒西里克（Gerda Stuchlik）
弗莱堡市副市长

目　录

I 气候保护和可持续的城市发展

1 城市发展

1.1 生态规划和资源友好型居住区开发

城市开发不仅涉及已建的城市，也包括那些尚未开发的土地。由于未开发土地以及城市土地都同时具有多种功能：如为动植物提供生存空间，为土壤、水、空气等自然资源提供保护空间，为人类提供休闲场所，此外未开发土地也可被作为农林业的经济用地，因此生态规划必须保证相关土地开发的可持续性，而所有上述的土地功能都应在生态规划中得以继续发展并互相协调。

居住区面积的不断扩大所带来的未开发土地面积的急剧减少正导致为数众多的动植物种群的生活空间日益缩小，甚至被一些无法逾越的障碍物相互孤立，而对于许多动植物而言，定期的交流对于种族的繁衍往往具有生死攸关的意义。

2008 年在巴登·符腾堡州平均每天有 8.2 公顷的土地被用于建造住宅和交通基础设施。由于对未开发土地的利用在加重环境负担的同时，也破坏了所剩无几的自然生存空间，这种行为无疑是一种对未来的透支。

不过与 20 年前相比，今天的人们已经开始更多考虑如何在开发居住区的同时更好地保护环境和物种。在弗莱堡市的城市开发政策中，此类考量已经成为了重要的一环。

■ *完善的网络——生境联网（Biotopverbund）保障物种多样性*

为了保护众多动植物的生存空间、提高其生存质量，并将许多因居住区建设而被隔断的生境重新连接起来，德国立法者于 2002 年颁布了关于建立跨越州境的生境网络的规定。

为了在弗莱堡市实施这一规定，市政府于 2003 年委托专业机构制定了一部"生境联网方案"，并将此作为至 2020 城市土地规划的基础之一。该

方案明确指出目前在弗莱堡有许多物种必须依靠定期的交流与回迁才能保证繁衍。在如今的生境网络中，不仅图尼山旁的黄土坡和田间小路扮演着重要的角色，瓦尔特斯霍芬低地的小溪与沟渠和瓦尔特斯霍芬、卡珀尔和埃布内特旁的绿地以及穆斯瓦尔德自然保护区的作用也不可小觑。环顾弗莱堡周边，我们却可以很容易地观察到，传统的连接各个生存空间的轴线，如连接黑森林与莱茵平原的德莱萨姆河谷，已被繁忙的公路严重阻断。因此，在建设生态网络连接轴线时，必须使其同时具有动物迁徙走廊的功能。这一点对于穿越公路的地上或地下通道，以及对于市区与郊外溪流两边的绿色走廊而言尤为重要。

■ *物种保护的重点空间*

对于保证物种的长期生存而言，仅仅保护各个生境间原有的连接或创造新的连接是不够的。很多物种，尤其那些流动性不强的物种，只有当其生长区域中该物种个体数量剧增，导致种群数量过多的时候，才会被迫离开其原来的栖息空间。这类物种在单个生境间的迁移往往会跨越较长的距离。这种自然选择方式通过强化原有种群来提高物种扩散的压力。因此，生境网络也将努力提高生物栖息空间的密度，让动植物可以在其中获得最佳的生存环境。

在所谓的重点空间中不仅要有针对性地发展生境，也应将其（通过相关的发展和联合措施）连接成网络。在生态规划中，已对这些重点空间进行了详细记录并制定了适宜的措施。弗莱堡市的土地使用规划（FNP2020）

则对这些重点空间的具体落实具有重大的意义。因为根据平衡原则，任何因建造居住区而导致的对自然和景观的破坏必须通过在其他地区获得补偿，所以弗莱堡 2020 土地使用规划中也指定了专门的补偿用地。这类补偿用地位于上述的重点空间内，从而生境网络可直接通过对居住区开发的补偿措施获益。

居住区的开发也应顾及对生境重点和生物栖息空间网络的保护。弗莱堡 2020 土地使用规划就通过对工业用地、废旧铁路用地的用途转换，以及对现有居住区内部的重新划界和在居住区的边界区域补充建筑物等方式赢得新的建筑用地（请参见第 9 页的"内城开发"）。

■ *完善通风——市区内的空地为城市制造舒适的城市气候*

由于受到了城市建筑以及高地面封闭率的影响，弗莱堡市区以及居住区拥有典型的城市气候，即其气温和空气污染度普遍高出建筑物较少的市郊，尤其水分蒸发率和空气交换量在市区受到很大限制，从而导致了所谓城市热岛效应的产生。正是出于这个原因，在市区生活和工作的居民相对而言更容易频繁地受到高温的侵袭。

弗莱堡很早便意识到上述气候因素在城市规划中的意义。早在半个世纪前，弗莱堡就已经开始深入研究本地城市气候。一份于2003 年完成的城市气候分析报告总结了关于弗莱堡地区气候的重要认知，并介绍了其对今后城区空间规划的意义。尤其在夏季出现持续几天甚至几周高温、少云、无风的气候时，只要市区内的绿地在规模及位置符合相应的要求，其对城市小气候的调解便可产生重要的作用。其原因在于，这些绿地可作为重要的平衡空间和空气流动通道。首先，绿地上由水汽蒸发和树木阴影可以产生冷空气

并使温度降低。这一降温效果同时也能影响绿地周围的建筑物。即使在无风的情况下，通风"走廊"也可保证新鲜空气在建筑密集度较高的市区内流通，比如夏季的夜晚，黑森林中的冷空气便可顺山而下，沿着通风"走廊"吹入市区，有效地缓解高温压力；在冬季出现地面辐射较高的无风气候时，即所谓的大气逆温，上述山区与山谷间通风系统又能有效地疏散市区空气中的有害物质，如汽车的尾气等。

地区内的主要通风"走廊"包括机场空地、圣乔治和海德工业区之间的农业用地以及位于埃布内特和施瓦本门桥之间的德莱萨姆河谷，基本畅通无阻。市区内的通风"走廊"则大多受到了不同程度的阻挡，唯有位于圣乔治、蔡林恩和维鄂三个城区内的轨道线路及其经过乌阿赫街及阿达尔伯特·施蒂夫特街的向西延长段基本未受破坏。由于老城区里街道狭窄而建筑物较高，所以其通风情况也相应较差。

城市未开发空间的大小、植被以及衔接都可对城市的气候产生正面的影响。所以弗莱堡市非常重视保持足够数量的绿地。因此弗莱堡 2020 土地使用规划中明文禁止将来新鲜空气"走廊"以及市区的绿地用于建筑开发。

1.2　节约用地以提高生活质量！弗莱堡现代化的居住区开发与 2020 土地使用规划

在市郊开发的居住区越多，其对生态的负面影响也就越大，这一点显而易见。弗莱堡在居住区开发方面的最高宗旨是尽量将新的土地使用量降低到必须的最低值。长久以来，以尽量少的土地使用量来实现可持续的城市开发在弗莱堡具有着特别重要的意义。自 1980 年以来，大约一半的城市开发项目都在市区内进行——利用的主要是空置土地、建筑物之间的空地、老工业区或原来的军事基地。城市规划者称这一原则为"内城开发""Innenentwicklung"。

土地节约型居住区的开发在国家及州的层面上都拥有优先权：2002 年 4 月德国联邦政府颁布了国家可持续发展战略，巴登·符腾堡州则于 2004 年 10 月成立了名为"在巴登·符腾堡州争取土地"的行动联盟。弗莱堡市也加入了这个联盟，并将该联盟的主要目标都纳入了于 2006 年在市议会中获得通过的 2020 城市土地使用规划。

该规划中最重要的几点分别是建筑用地的按需提供、市区内部开发优先于外部开发、空置土地的重复利用、加强城镇以及地区之间在居住区土地开发方面的合作。

继续开发利用市区外围的未建土地不仅会破坏这些土地的自然功能，同时也会导致农林业资源的损失。此外，新建的街道、住宅区或工业基地也意味着对全球气候以及地方气候、水资源和物种及生存空间多样性的负面影响。除了带来更多的交通流量外，对于自然景观的隔断和休闲功能的丧失也是城市外围开发的缺陷所在。

■ *可持续并且接近民众的土地规划：对土地需求的调查*

通过 2020 土地使用规划弗莱堡市下定决心对上述发展趋势进行反向调控：首先摸底调查全市的土地需求。与以往常规不同，规划专家们此次做了一个尽可能接近现实的需求预测。在此基础上制定的新的土地使用规划只提供了与预计所需的面积相同的土地作为建筑用地——这可谓是个全新的创举。而以前的规划往往出于以防万一的目的，为将来可能出现的使用需求预留了大量的土地。

此外，另一个新的举措是精确计算了弗莱堡市区内还有哪些可开发的潜力。通过这种方式，新的土地使用规划与1980年的规划相比共"节约"了34公顷建筑用地，另外还为相当于弗莱堡历史老城大小的40公顷土地做了更为环保的规划。

这一按需制定的居住区开发规划还需定期根据最新的统计数据进行核查。如果通过核查，对某一地块的需求不复存在，那么这一地块作为建筑用地开发的资格也将随之取消。

2020土地使用规划的可持续性还通过对2020生态规划的吸纳得以保证。此外，在规划的制定过程中还首次进行了环境调查，以便在选择和划分新的建筑用地时将相关的环保需求作为重要因素纳入考虑范围。总之，土地规划的基本原则是：在决定是否增加新的建设用地之前，必须要核查在市区内是否存在合适的可用土地，同时必须优先使用那些对自然和环境造成影响最小的建筑用地。

减少城区外围的居住区开发这一目标也获得了大部分弗莱堡市民的支持。早在2020土地使用规划正式出台之前，弗莱堡市民便在一次扩大性公民表决中确认了这一原则，而市议会几乎在对所有地块的决议时都会采纳广大市民的建议。

■ 失控的城市？弗莱堡市向内成长！

未开发土地作为一种资源每天都在以惊人的速度减少。虽然很多城镇都面临着中期人口下降的问题，但是当今德国人均占用的住宅面积却在不断增长。这无疑是一种自相矛盾的发展方式：一方面人口密度在下降，但与此同时新开发土地上的建筑密度却在升高。许多专家对于这一发展趋势表示了忧虑，因为它从长远来看将会为我们在城镇中的生活质量带来负面影响。一方面，我们需要为新开发的土地提供管网连接并建设完整的基础设施；而另一方面，随着原有居住区中居民的外迁，这些区域中的技术基础设施以及社会基础设施的利用率和效率也必然降低，而其维护和运作成本则会相应升高，居民所获服务的质量则呈下降趋势。除此以外，还有一点非常重要，即无论住宅区还是工作场所，只有当其充满活力时才具有吸引力，而过度的土地开发所带来的另一个负面结果便是那些死气沉沉的城区中心或仅被居民当做"卧城"的住宅区。

因此，弗莱堡的土地规划赋予了城区内部开发绝对的优先权。它可被视为实现可持续发展的一个重要组成部分。与此同时，弗莱堡也清楚地意识到，不是所有建筑物之间的空地都可以用作新的建筑用地或用于后期增加区域建筑密度。弗莱堡的土地规划一直努力将新增建筑密度控制在一个合理的范围，以此保证并提高城市建设的质量。我们一方面应更好地利用市区内建筑物之间的空地、空置土地或建筑密度较低的地块来改善城市面貌，与此同时，那些具有城市生态功能或休闲功能的公园和绿地等市区内地块必须获得妥善保护。

内城开发在弗莱堡市城市发展政策中的重要性还完全体现在其所参与的众多雄心勃勃的研究项目上：

弗莱堡市在 2006 年至 2008 年间，与另外三个来自科研和实践领域的合作伙伴共同参与了由德国联邦教育科研部资助的主题为"komreg——地区内城镇土地管理"的研究项目。除弗莱堡以外，还有其他十个来自南部巴登地区的城镇参与了这一项目。

在 komreg 项目的框架中，所有具有建筑用地开发潜力的地块均获得了定位，并在地理信息系统（GIS）中一一标示——这无疑是一项十分复杂的工程，因为除了大范围的现场考察外，还必须对空中俯视图及其他信息进行综合评估。内城开发的潜力主要根据以下四类地块进行考察：空置土地、建筑物间空地、建筑密度很低的地块以及旧农庄。基于这次精确的调查，弗莱堡市拥有了一部全新的建筑用地登记册，并可定期对其更新。这部登记册无疑为在弗莱堡市区内进行面向未来的土地管理与规划奠定了坚实的基础。

■ *精明规划——土地管理的创新工具*

Komreg 项目最重要的成果是发现了尽管弗莱堡市自几十年来都面临着居住区紧缺的压力，但是市区内住宅用地开发的潜力依然较大。

当然要将这些开发潜力全部加以利用是不现实的，而且这也不应是以质量为导向的内城开发的目标。根据 komreg 项目的预测，弗莱堡市区内的土地供应在 2030 年之前可以满足绝大部分土地需求。根据不同的预测方式，需求满足率从 65% 到 96% 不等。

在 2008 年年底 komreg 项目结束后，弗莱堡又参与了一项为期两年的名为"弗莱堡地区实践性土地管理 (PFIF)"的研究和试点项目。该项目得到了巴登·符腾堡州政府的大力支持。项目的核心任务是将土地管理工具在城镇级的管理实践中进行具体运用，而"komreg"项目已为这一新的项目提供了很好的经验并完成了必要的前期工作：比如 PFIF 项目计划建立一个地区性的存量土地交易市场；应就建立一个跨城镇的住宅建筑土地资源库的可行性展开论证，同时就工业建筑用地开展更为深入的地区间对话；此外，还应制定统一的居住区开发标准，以便将该统一标准运用于建筑总规划中。在此应遵循的最高宗旨就是：如何在弗莱堡经济发展区内防止过多的土地被用于建筑开发？

■ **充满都市气息的、紧凑的城市结构**

行走在充满生活气息的街道上，这边聊聊，那边喝杯咖啡，再往转角处的店家购购物——如果各个城区能在其紧密的空间内满足居民日常所需的各种需要，那么不仅居民的日常生活会变得更为方便，而且交通以及土地使用对环境造成的负面影响也将得到显著降低。在一个正常运作的居住区内，居住地与工作地点、学校或幼儿园之间的距离应该短到能够步行或至少能够骑自行车快速到达。供应日常生活用品的商店、服务业、医疗保健机构以及其他社会基础设施也同样应在步行到达范围之内。

要使所有上述服务设施能在各城区里得以持续，就应当保证其拥有足够的业务量。因为如果没有顾客，即使邻家面包店老板再和善，也会不得不关门大吉。所以，至少保持居住区原有的居民数量是至关重要的。由于在今后几年里弗莱堡市的人均居住面积仍将继续增长，有必要开发新的住宅以保持各个城区的居民数量。这些必须进行的新建项目中的很大一部分可以通过内部开城项目得以实现，比如通过既有建筑的扩建，或在城区内没有建筑物或建筑密度较低的地块上补建住宅建筑。此外，2020土地使用规划在各个城区内都列出了足够的建筑用地，以保证现有的社会和供应基础设施可以得到充足的利用而无须为生计担忧。

在城区发展规划的基础上，有几个城区成为了城市开发的重点对象。借助这些城区内居民的广泛参与，城市规划部门希望找出这些城区在供应、交通连接、空地数量以及其他在城市结构方面的弱点并寻求相应的解决办法。在这些工作的进行过程中，环境保护始终是一项重要的考虑内容。

■ 振兴住宅区和城区中心！

对于因建筑工程或交通改造而面临巨大变革的住宅区，我们制定了框架方案，用以可持续地促进和保障城区生活。对于那些正面临着失去原有

吸引力和供应功能危机的城区中心，我们也将通过与企业经营者、服务业企业及其他重要的参与方的精密合作，共同制定中心激活方案，从城区中心着手振兴城区。

通过市政府的市场与中心规划可以避免产生额外的交通负担。这一规划可以保证新建的零售点更好地融入城市零售业框架，而不会对业已成型的城区中心及历史老城的商业产生威胁。在中心区域以外只允许销售如家具等需要汽车运输的大件商品，而所有其他物品的采购都应在自行车骑行或步行范围内可以完成。

充满都市气息的、紧凑的城区，以其具有吸引力的基础设施和独一无二的氛围，将被居民视为生活的中心。这不仅将影响个人的行动习惯，另外对于城区的归属感也能促使居民共同承担在城区内推动可持续发展和环境保护的责任。

1.3　与环境保护有关建筑用地政策的基本原则

尽管在居住区开发方面已存在诸多法律规范，但市政府仍拥有较大的活动余地对其施加影响：其在环境政策方面的基本原则可以在规划过程中以及在与规划受益者（即业主和投资人）签订的合同中得以落实，而这也正是弗莱堡市议会的愿望。市议会于2009年年中通过了一项汇总了所有建筑用地政策原则的决议。环境保护在该决议中拥有非常重要的地位。对于所有参与弗莱堡规划制定或有在弗莱堡建房的人而言，这项决议意味着透明度和规划安全性；而对环境保护而言，这份决议无疑是面向未来的一大进步。

在未来，城市环保目标将成为居住区开发的长期指导性方针。这句话具体包含以下几个方面：

原则上只有市政府才能为某一规划颁发环境评估，以保证评估的质量和独立性；如果一项规划会对环境造成破坏，那么必须采取措施进行补偿；规划收益人必须承担该补偿用地的费用，其中包括补偿措施的成本以及未来三十年内持续维护该补偿用地的支出；通过这些措施可以长期保证弗莱堡市对生境网络用地的维持需要。

　　在建筑规划的前期阶段就已将能源，尤其是太阳能利用纳入考虑范围。所有能源方案中最环保的一个方案将得以采用，但前提是该方案的成本不得高于预先确定的基本方案成本10%。

　　市议会在2008年夏季决议通过针对主要用作住宅的新建建筑逐步引入更高的节能标准。通过这一决议可以使每平方米供热面积排放的二氧化碳量与之前标准相比降低一半以上（细节参考第1章第4.2节，第37页）。从2009年1月1日起，这一阶段性节能标准已经在市政府和弗莱堡城市建设公司的建筑中，以及在出售原市属城市住宅建筑用地和在为新的建筑规划签订的市政建设合同中得以应用。

　　■ *环境保护"从上开始"——让更多太阳能设备登上弗莱堡的屋顶！*

　　弗莱堡市政府鼓励每个房主使用太阳能。由于市政府希望从总体上提高可再生能源的使用比例，以此降低温室气体的排放，所以任何准备建造

平顶或倾斜度低于 25 度的较平屋顶的房主，都至少应在规划时便考虑将来能在房顶上毫无问题地加装光伏或光热设备。此外，如未安装太阳能设备，房主至少应在屋顶上大面积种植绿色植被。屋顶绿化不仅可以改善城市气候，也可以吸收、储存降雨，从而减轻排水管网的负担。

如果有人想在流动水域附近建造房屋，必须做好受到一定限制的思想准备：在从岸坡上沿起 5 米宽的地带禁止建造房屋，不得破坏绿地，也不得使用任何对水质构成威胁的材料。

1.4 案例：沃邦城区和丽瑟菲尔德城区

■ 弗莱堡最年轻的城区——沃邦城区

经过 11 年的建设，新城区将近建成。该城区为 5000 人提供了颇具魅力的居住空间，该区建筑风格多变，其中也包括部分政府补贴出租房。曾经的德法军营，今天已经变成了适合家庭居住的现代化城区，属于弗莱堡首选居住区之一。在沃邦，市政府也通过与业主和开发商通力合作，实现了可持续城市发展的目标。从沃邦城区可以看出，可持续的城市建设与现代化的居住要求完全可以同时实现。

现代化的内城开发和城市更新的典范

曾被作为军事用地使用近 60 年的沃邦城区是坚持内部开发的城市发展典范。对城市内部已使用的土地进行重整，不但是现代化城市建设的重要里程碑，甚至可被视为未来城市开发的机遇，尤其从可持续建设的角度来看，城区的内部开发更应受到广泛关注。与此同时，资源的消耗也是需要关注的重点：占地面积大、多数为独栋及单层的单户住宅是否仍然符合时代要求，还是已经成立例外？从沃邦城区可以看出，排列紧密的城市建设同样能创造一个可以成为典范的居住环境。这里的建筑大都以四层为主，由不同建筑设计事务所规划设计，由单个业主、业主联合会和建筑承包商建造。

沃邦城区在规划初期便已将交通因素纳入方案，并通过与居民的交流将其继续完善。在住宅区内限速才能保证居住质量，使居民免受私人交通带来的干扰。在沃邦除了在其中心轴线上允许机动车以最高时速 30 公里行驶外，其他区域大多为交通安静区，只能以步行速度行驶（时速不超过 10 公里），而且在这些区域也未设公用停车位。由于业主的停车位没有建造在沃邦大道左右两边的私人土地上，而是集中设置在建于城区边缘的车库中，所以居民在城区内公共区域的休闲质量得到了显著提高。这里街道的主要功能是留给儿童玩耍以及供成年人开展社交活动，而不在于交由私家汽车行驶。当然为这个城区特别建造的有轨电车以及与其相对接的各条公共汽车线路也起到了积极的作用：与整个弗莱堡市相比，沃邦城区内的汽车数量明显较低，这对环境和气候保护而言无疑是件好事。

沃邦 1992

沃邦 2009

高节能标准

沃邦城区内建筑的节能标准具有十分重要的意义。和丽瑟菲尔德一样，沃邦城区也是这一领域的先行者。这里的业主和开发商在建设住宅时至少应遵守低能耗建筑标准，从而城区内所有建筑每平方米的能源消耗都不超过 65 千瓦时每年。沃邦城区内甚至还有 240 间公寓符合被动房（Passivhaus）节能标准，其每平方米的能源消耗低至 15 千瓦时每

年。在沃邦项目中积累的建造被动能源房的宝贵经验已经被运用到其他城区的开发中。

与节能标准紧密相关的是城区内热能自供设施。城区内建有一座热电联产发电站，以高能木屑为燃料，不仅保证碳中和的热能供应，还能为大约700户居民供电。在沃邦城区，在屋顶上安装光伏设备十分普遍。2008年初城区内共安装了90套光伏设备，总功率达到662千瓦。2007年产电621636千瓦时，相当于约200户居民的平均用电量！

可持续城市规划同时要求谨慎地处理被规划区本身的自然现状。例如沃邦城区边缘的圣乔治村小河，便是符合《自然保护法》第24a条定义的生境。特别引人注目的还有城区内对年代悠久的树木的保护，这些被特地保留下来的树木在今天为城区的健康气候作出了重要贡献。此外，绿化带也为城区引入了新鲜的空气，在夏夜为居民带来习习凉风。这些绿地不仅为儿童与青少年，也为成年人提供了自由活动和社交的空间，使城区显得更加生机勃勃。

沃邦城区收集和排放雨水的方式方法也是在未来城区开发时值得借鉴的。在城区内的交通安静区域，大多数街道由于横截面比较狭窄，无法铺设雨水管道，所以雨水以及屋顶积水都全部通过路面积水渠收集，而后引入城区内的两条专供雨水渗透的水渠中，构成城区特有的雨水渗透组合系统。屋顶绿化在此也起到了缓冲的作用，延缓并减少了雨水流至地面的时间和流量。另外，收集的雨水还可以用于灌溉花园、洗衣或和卡洛琳－卡斯帕小学一样用来冲洗厕所。

■ *丽瑟菲尔德——市西新城区*

在制定丽瑟菲尔德城区的建设方案时，生态目标也是考虑的重要内容之一——在1994年开始建造城区后，这些目标在很多领域都得以坚决地贯彻实施。至2010年，位于弗莱堡市西部边缘，总面积为70公顷的丽瑟菲尔德城区为约1.05万人口提供了居住空间。

能源

建筑物的朝向和间距、低能耗建筑方式、连接拥有现代化热电联产设备的魏恩加藤远程供热管道、主动和被动领域的建筑方案以及可再生能源的应用，这些都是丽瑟菲尔德城区能源规划的标志性特色。丽瑟菲尔德曾被作为德国联邦建设部"城区规划中的有害物质最小化"研究项目的模范工程。

土地

直至20世纪80年代，现在瑟菲尔德城区的所在地被用于处理整个弗莱堡市的污水。由于在项目开工前不能排除土地内还有污水处理时留下的残留物的可能，所以市政府决定将地表50～80厘米厚的土层挖掘运走。在丽瑟菲尔德西部用这些泥土堆成一片景观，后来这个区域被划为自然保护区，禁止开发建设。规划部门同时也非常注重降低对地表的封闭并减少对土地的消耗。

水

很久以来，水就在丽瑟菲尔德扮演着重要的角色。当这个地区还被用于处理污水时，就有很多依赖水生存的动植物种类在此栖息。为了保护这些物种，现在对城区地表水进行分离收集，通过土壤过滤设施对水进行生物净化，最后将水排放到丽瑟菲尔德西部区域。此外，规划部门还为整个城区制定了一份雨水回渗方案。

绿化方案

小面积绿化方案是丽瑟菲尔德生态规划的重要组成部分。除了供居住于相邻住宅中的居民使用的小区内部庭院外，丽瑟菲尔德还拥有一系列高质量的绿化带，使其独具魅力。一条延伸至城区中心的公共绿化带可以将游客分流至凯斯巴赫－狄腾巴赫低地，从而降低自然保护区的游客压力。城区北部森林带另一边将建设"下黑尔士马腾运动及休闲区"。位于第四期工程南部的"森林三角休闲区"则为丽瑟菲尔德的绿化方案画上了完美的句号。

交通

丽瑟菲尔德城区的第一批住房刚刚建成，该城区便已和城市有轨电车网络接通，第5路电车经过丽瑟菲尔德直通市中心。由于在规划时优先考虑了行人和自行车的需求，所以整个丽瑟菲尔德都是符合"短途城区"这一规划宗旨的交通安静域，所有道路都是30公里限速道或儿童游戏道。

气候、空气和噪声

保证丽瑟菲尔德城区能得到足够通风的一大前提当然是城区建设的正确布局。有意识地将城区与其北部的凯斯巴赫－狄腾巴赫低地相连，这一举措对于改善城区小气候至关重要：该低地是没有建筑的自然地带，一直延伸至弗莱堡市中心。规划者们通过一个直抵城区中心的"绿色楔子"将城区和周围的自然环境相连。引人瞩目的弧形住房带将城区与繁忙的贝桑松主干道隔离，与城区周围有意保留的森林带一起，将城区外的噪声有效地"关"在门外。

丽瑟菲尔德城区西部的自然保护

由于丽瑟菲尔德对跨地区的生态环境意义重大，因此该城区中未被用于住宅开发的区域被列为自然保护区，这一举措成果显著：丽瑟菲尔德西部已经成为了动植物栖息地及并被认定为欧洲鸟类保护区。弗莱堡市环保局还在此设立了一条自然体验小径，在激发公民环境保护意识的同时也将保护区的参观者引入"正道"——这个方案受到了市民们的一致好评。

可持续的城区发展

丽瑟菲尔德新城区和沃邦城区是可持续城区发展的典型案例，生动地展示了在过去 30 年中人们对于居住、生活和工作的理解所发生的根本性变化。建筑的多样性与 20 世纪 70 年代的单一建筑结构形成了鲜明的对比。丽瑟菲尔德是一个发展潜力巨大的城区，其不仅满足了极高的生态和建设标准，而且由于在城区内较早开始按需建设公共基础设施，因此城区内的社会和文化生活也非常具有吸引力。

2 面向未来的流动性：弗莱堡的交通规划

弗莱堡，尤其作为一座自行车之城，在过去几十年中以其环保政策和生活质量而远近闻名，对此弗莱堡市的交通政策功不可没。但与此同时，弗莱堡也是短途公共交通之城和步行者之城，而且弗莱堡还拥有精心设计的机动车交通方案。

早在 20 世纪 60 年代末期，弗莱堡就制定了综合各个因素的交通总体方案。该方案对行人、自行车、短途公共交通及机动车交通这四个方面做了同等的考量。时至今日，弗莱堡市备受全国关注的交通政策就以该方案为基础。

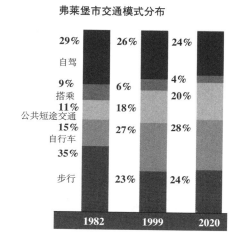

弗莱堡市交通模式分布

继续扩建符合环保、适合城市的交通基础设施是弗莱堡的目标，其中包括改善公共短途交通供应，在步行交通以及自行车交通领域为市民积极使用环保交通工具创造条件，减少城市内的机动车交通。

2.1 城市规划和交通规划密不可分

一个城市的整体交通方案总与这个城市的发展目标紧密相连。弗莱堡市的目标并不局限于在单个城区里实现"短途城市"这一口号。在保留城市风貌和城市空间的同时，也应减少环境污染。在弗莱堡市中心，既可以居住购物，又可以休闲工作。市中心的功能多样性必须得以保护：应鼓励市民在市中心居住，这一区域的经济实力应得以增强，让城市无论对于居民、游客、餐饮业、商业、手工业和服务业而言都具有一样的吸引力。

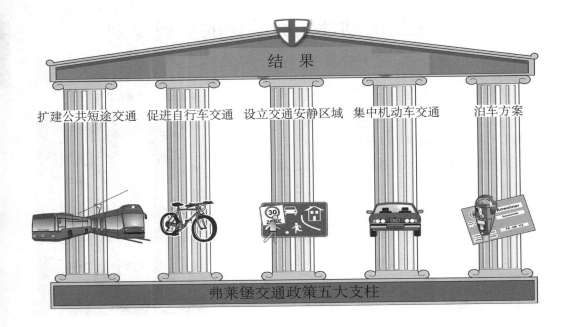

结果

扩建公共短途交通　促进自行车交通　设立交通安静区域　集中机动车交通　　　泊车方案

弗莱堡交通政策五大支柱

■ **大面积设立交通安静区**

　　如果要像弗莱堡一样大范围地设立交通安静区，那么必须将个人机动车交通集中到经过扩建的主干道上。而在那些机动车交通减少的区域，则应将街道的规模缩小。出于同样的原因，对公共停车位的管理也是弗莱堡交通方案的重要组成部分：任何人在公共停车位泊车，都必须付费。所有这些措施的主要目的都在于保障和提高弗莱堡市民的生活质量。

　　每当回顾过去，我们便可意识到我们所选择的发展模式的意义有多么重大：在 20 世纪 60 年代，越来越多的机动车交通给城市居民的生活质量带来了巨大的影响，从而导致许多居民搬迁到郊区。为了阻止这一现象的继续发展，当时的主要目标便是恢复城市的居住气氛。其中一个关键手段就是设立交通安静区域。1973 年弗莱堡市往这个方向迈出了巨大的一步，宣布在市中心建立大范围的步行街，人们可以利用便捷的公共短途交通到达此地，对于机动车而言，只有送货车辆及这一范围内的居民可以驾车驶入。直到今天，所有的有轨电车线路仍然都在市中心交汇。

继步行街之后，弗莱堡市又将与市中心相邻的城区列为交通安静区域，并最终将市内所有住宅区的道路都纳入了交通安静区域：除了主干道以外，所有住宅区的街道从20世纪90年代起都限速30公里或被定为游戏街道。今天，弗莱堡90%的居民都住在机动车只能低速行驶的区域里，步行和自行车出行与以前相比安全很多。除了交通安全得到提高，这一措施同时也降低了机动车交通的噪声和有害物质排放量。

当然即使在如此一个通过步行、骑自行车或乘坐公共交通工具便可方便出行的城市里，还是会有机动车行驶。这一部分必不可少的机动车交通应该被引导到汇合性主干道上，而且这类道路应建造在有利于环境保护的地段，即机动车的噪声和废气可能造成的干扰应减至最低。所以弗莱堡至今仍有新建街道投入使用。但与此同时，弗莱堡市也通过减少机动车道等方式，缩减了那些连接市中心道路网的街道规模。该方案通过增强城市外沿的交通汇合而降低市中心交通流量，从而缩减中心区域街道规模是一项很重要的交通规划原则。该原则将通过计划建造城市隧道在弗莱堡再一次得以体现和证明。城市隧道建设项目可以有效减轻机动车交通对市中心和德赖萨姆河两岸造成的负担，并提供对这两个地区进行因城市更新而重新规划的可能性。

2.2 共同空间：各种交通工具的并生和共存

随着人类流动性的不断增强，今天的人们外出的频率大为提高，出行的距离也越来越远。城市交通政策的任务是将这一发展趋势向环保的方向引导，在这一过程中有一点是显而易见的，即各种交通工具可能占有的交通空间是有限的。

■ 便于步行的城市——为行人着想的交通政策

许多人都倾向于利用高速的机动车作为交通工具，这种倾向尤其会对行人造成很多困扰。推动"步行"是弗莱堡交通政策中重要的一环。从而街道空间和广场的设计应唤醒人们对于步行的兴趣并吸引他们在此逗留，红绿灯的信号设计也应更利于行人。关闭地下通道，以地面道路取而代之。将步行区从老城扩大至火车站。市政府通过市集及城区中心建设方案调控各城区零售业的发展，从而为保障丰富、便捷的零售业供应创造了有利的前提条件。毕竟只有当商店和供应设施都建在很近的范围内时，购物或就医才能通过步行完成。

■ 骑自行车——既健康又环保

弗莱堡是一个自行车之城：有四分之一的交通行驶里程是由市民骑自行车完成的。自行车已经成为必不可少的环保交通工具，使弗莱堡免受很多干扰，比如噪声、废气、堵车和停满车的街道等。同时骑车的人自己也会受益，因为骑车有利于体质的增强。

以前很多城市都低估了自行车的重要性。而弗莱堡市却在自行车交通方面投入了大量人力、物力，不仅改善了居民的生活质量，也为环保作出了重要的贡献。因此，弗莱堡市在以后的交通政策中仍将继续大力鼓励自行车交通的发展。

弗莱堡在 1982 年和 1999 年之间，市内自行车交通占交通总量的比例从 15% 上升到 27%。与其他城市相比，弗莱堡在这方面遥遥领先。德国自行车俱乐部（ADFC）和德国汽车俱乐部（ADAC）都证实了弗莱堡是一个骑车条件非常优良的城市。但是我们并没有对已有的成绩沾沾自喜、止步不前。

因此，弗莱堡园林路政局将继续扩建自行车道路网并填补尚存的缺口。此外，还将开辟更多单行道并增加自行车停放点。所有这些措施都是为了保证弗莱堡已经获得的"自行车之城"这一称号在未来能够继续保持下去。

照片来源：园林路政署

自行车路线图

早在 1970 年弗莱堡市便出版了第一本自行车路线图。当时的自行车道总长不到 30 公里——今天在弗莱堡市已经形成了一个总长达 420 公里的自行车道路网络（其中 170 公里为自行车专用道、120 公里为林业和农业道路、130 公里为便于骑车的道路，比如限速 30 公里的街道）。

为了满足自行车的停放需求，在重要的目的地——如有轨电车站、城区中心——都设立了特别停放点，仅在市中心便有超过 5000 个自行车停放位。此外，在公共短途和远程交通的枢纽——弗莱堡主火车站，在 1999 年便建造了一个名为"流动（mobile）"的自行车库，可供 1000 辆自行车停放并提供修理服务（参见 30 页）。

■ 让别人为我开车——公共短途交通

公共短途交通，尤其是城市有轨电车的发展是弗莱堡交通政策的重要支柱。对于与弗莱堡大小相仿的城市而言，有轨电车是传统的交通工具。早在1972年，弗莱堡市议会便做出了一个和很多其他德国城市不同的决定，即保留并扩建弗莱堡的有轨电车线路。时至今日，有轨电车线路总长已达30.4公里，比1972年时的14.2公里翻了一番——对于一个只有22万人口的城市来说，这的确是一个相当高的数字。

为了让人们更多地放弃机动车自驾而使用公共交通工具，必须使公共交通工具更快更便捷。归功于完善的轨道路线规划，今天80%的弗莱堡市民的住所离最近的有轨电车站点不到500米。电车运行时刻间隔很短，基本可满足人们随时的出行需要。弗莱堡交通股份公司（VAG）先进的无障碍车辆和车站设备保证乘客可以无阻碍地进入公共汽车和有轨电车。

简单易懂、价格优惠的地区票额外增加了弗莱堡公共交通的便利性。地区交通卡（RegioKarte）即是一种价格非常优惠的地区月票，在相邻的布莱斯郜——上黑森林地区及埃门丁根地区均有效。该月票不但可转让，每逢周日还可以凭该票免费携带一人共行，无疑增加了全家出游的吸引力。通过上述措施，公共交通在弗莱堡得到了广泛的使用：自1980年以来，公共交通的使用人数提高了数倍。1984年弗莱堡首张环保月票推出时，年乘客人数达2900万名。而在2008年，共有7240万名乘客乘坐了弗莱堡交通股份公司的公交汽车和有轨电车。

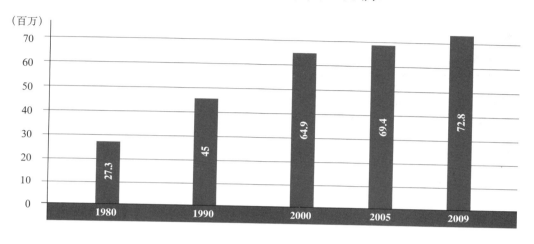

（百万）

- 70
- 60
- 50
- 40
- 30
- 20
- 10
- 0

1980	1990	2000	2005	2009
27.3	45	64.9	69.4	72.8

　　弗莱堡的公共交通线路网络在未来还将得到持续扩建。最新的一条线路是 2006 年在新建的沃邦城区投入使用的 3 号线延伸段，而计划将建的线路清单很长：弗莱堡的蔡林根城区、丽腾瓦勒城区以及相邻的小镇贡德尔芬根和弗莱堡新展览中心区域都要接通轨道交通，另外还要建造一条经过劳特爱克环道连接市中心的线路。由于弗莱堡交通政策具有前瞻性，很多其他城区也为将来有轨电车的开通预留了线路。

　　弗莱堡和相邻的两个地区共同负责推动城市和附近地区的连接。三地于 1994 年共同建立了一个协会并制定了名为"布莱斯郜城铁（Breisgau-S-Bahn）"的综合地区短途交通规划。根据这个规划，包括 212 公里长的地区铁路网络、弗莱堡市有轨电车网络以及该地区的公共汽车线路在内的地区整体公共短途交通网络将得以扩建并互相协调。这个规划在包括布莱萨赫铁路、东凯撒史杜尔铁路、埃尔茨塔尔铁路和哈斯拉赫城轨在内的试点项目中取得了巨大成功后，在今后几年

照片来源：VAG

照片来源：弗莱堡地区交通联盟

弗莱堡交通股份公司标志

将在三地的所有地区铁路线路上实施。弗莱堡市民主要将从新增的城铁停靠站和短途换乘中获益。随着这一地区性规划的实施，弗莱堡市至今的交通政策得到了进一步扩展。

为弗莱堡市"奔波"：弗莱堡交通股份公司

弗莱堡交通股份公司作为市政府控股公司经营着弗莱堡市的公交汽车、有轨电车以及绍因斯兰山索道。

该交通股份公司服务的区域共有25万人口，4条有轨电车路线及26条公共汽车路线每年共运送乘客约7240万名。这意味着平均每天运送20万乘客！交通股份公司的有轨电车及公共汽车每年共行驶约730万公里。

除了弗莱堡外，弗莱堡交通股份公司所拥有的60列现代化有轨电车和70辆巴士还同时为乌姆基尔希、梅尔茨豪森、澳乌和贡德尔芬根这些城镇提供交通服务。弗莱堡交通股份公司是"弗莱堡地区交通联盟（RVF）"的成员。该联盟将弗莱堡及邻近两个地区，即布莱斯郜－上黑森林和埃门丁根的公共短途交通服务联合起来，乘客通过支付优惠的票价便可享受整个公交联盟中的交通运输服务。该联盟共包括17个交通运输企业，115条线路，总网络线路长度已达3000公里。

■ 开车进城

以位于市中心的历史城区为例：每个人根据各自不同的需求都想来这里，家长带着孩子、年轻人和老人、上班的人、大学生、散步的人和游客。其中一部分会开车前来。为了让所有人都找到他们所要寻找的弗莱堡的独特氛围，市政府特别制定了一个停车空间规划。

该规划的原则是：无论市中心还是其他市区的公共街道都由市政府统一管理，在此停车必须收费，但停车费用划分了不同的等级。最贵的是在市中心的街边停车，把车停在市中心的停车库或地下车库则会稍稍便宜一些。通过收费制度可以避免车位被长期霸占，同时也保证开车人在一般情况下都能找到空闲的车位。在城市边缘的转乘点（Park ＆ Ride）的停车场停车则是免费的。因为这一停车规划的目的就是鼓励上班人群以及访客在此转乘公交车辆。同时为了鼓励人们继续居住在市中心，该区域的居民被赋予了优先停车权：只要付很少的费用，住在市中心的居民便可以获得一张其居住区域的年停车许可，这样居民便有更大机会将自己的车停在住宅附近。

弗莱堡主火车站

　　主火车站是弗莱堡环保型交通运输系统的枢纽。仅德国铁路公司在此每天就有 6.5 万乘客。毗邻的是中央巴士总站，那里的巴士线路不仅可以连接整个地区，还可以抵达巴塞尔－米洛斯－弗莱堡欧洲机场。有轨电车线路和远程及地区短途火车线路则在史杜林根桥处交汇。

■ *出行咨询和服务——火车站边的自行车库"流动"*

　　名为"流动"的自行车库就在主火车站和中央巴士总站西面，毗邻史杜林根桥。"流动"体现了许多无需借助机动车的出行理念。它作为自行车停车楼鼓励自行车加转乘的理念，即先骑自行车，然后在相邻的火车站或中央巴士总站转乘短途或远程公共交通工具。

　　该停车库可供 1000 辆自行车停放，根据需要可以停放一天、几天、甚至几个月。出了故障的自行车可以在此地的修理车间得到维修。该车库也出租自行车，并提供儿童座椅或拖车。

　　除此之外，对于那些想要利用环保交通工具的人群而言，在开始时常常离不开外界的支持，这个位于火车站旁的"流动"车库不仅可为弗莱堡市民，也可为来弗莱堡的游客提供他们所需的帮助。弗莱堡的汽车共享协会（Car-Sharing）也坐落于此，目前他们共有超过 2500 名成员，共享近 90 辆汽车。

3 减少噪声行动计划

3.1 建设一个宜居的城市：弗莱堡减少噪声行动计划

城市中的噪声是一个需要严肃对待的环境和健康问题。"总有一天人类将会像抵抗霍乱和虫害一样顽强地抵抗噪声"，1910 年时罗伯特·考赫（Robert Koch）便做出了这样的预言。90 多年之后，2002 年欧盟首次通过"环境噪声指令"规定在欧洲范围内系统地对噪声干扰进行统计并予以降低。

每天有约 1.64 万辆机动车行驶在弗莱堡各主要交通干道上，在过去几年中我们对这些干道上的街道噪声进行了深入研究。尽管相对而言，弗莱堡仍可被视为一个"安静的城市"，但还是有 4500 位市民深受主干道交通噪声的困扰，除了对其生活质量的破坏外，噪声也对他们的健康构成了威胁。噪声影响健康的限值是夜间 55 分贝，根据一份由市政府委托制定的噪声图显示，弗莱堡有几处的交通噪声明显高于 60 分贝。

长期受噪声干扰的人们更容易患心脏和循环系统疾病。因为市政府已经认识到这一点，所以多年以来都在积极推动噪声防治措施，并坚定地鼓励发展"声音较轻的"交通工具，这些措施具体包括对步行和自行车道路网络以及公共短途交通网络的扩建。避免机动车交通无疑是弗莱堡城市和交通规划的首要目标，但是仅凭这一点还不足以解决所有问题。

3.2 具体抗噪措施

因此，弗莱堡市专门制定了一个减少噪声行动计划，其中包含了很多具体能够有效抑制道路交通噪声的措施：如部分道路的机

照片来源：园林路政署

动车限速、车道改造、铺设减噪层或增加汽车改道路线，此外，主动和被动的防噪隔离措施也十分重要。

　　尽管我们已经实施了这样一个具体、全面的行动计划，但是弗莱堡市的噪声问题肯定还会长期存在。到 2012 年，弗莱堡所有每天机动车行驶量超过 4000 辆的道路、超过 82 趟车次运行的轨道线路、弗莱堡机场及 10 座工业设施所产生的噪声将被统计在噪声地图中。有一点在今天是可以肯定的：如果穿城隧道的确可以建成，那么市中心的噪声干扰就会大幅降低。

4 从退出核能源到太阳能领域的顶尖位置
——弗莱堡的能源解决方案

　　全球气候变迁是一个不容置疑的事实。为了抑制气候变迁以及它所带来的后果，不仅在国家和国际层面上必须快速、坚决、积极地行动起来，而且在每个地区当地也是如此。目前全球一半人口居住在城市里，因此城市在未来气候保护中将起到重要的作用。

　　几十年来弗莱堡都是这个领域中的先驱。第一个重要的推动力来自于维尔的和平抗议，这是凯撒史杜尔附近的一个小地方，距离弗莱堡 25 公里。弗莱堡和附近地区的市民在那里进行了德国历史上首次、也是唯一一次取得成功的反对建造核电厂的抗议。通过这次抗议产生了一个广泛的联盟，在此基础上掀起了一场涉及多个方面的环保运动。

照片来源：Leo Horlacher，社会运动档案

4.1 至 2030 年实现减排 40%! 弗莱堡气候保护和能源供应计划

1986 年 4 月切尔诺贝利的核灾难促使弗莱堡市议会做出了一个直至今天仍有指导性意义的决定：仅在前苏联核事故发生一个月后，弗莱堡市议会便一致决定退出核能源。1986 年 10 月，市议会再次一致通过了一个以未来为导向的能源供应计划。因此，弗莱堡市早在 20 世纪 80 年代中期便定义了其能源政策三大支柱，至今没有改变：节能、能效及可再生能源。

■ 更新气候保护战略

1996 年弗莱堡市议会便制定了雄心勃勃的气候保护目标：在 2010 年前，弗莱堡的二氧化碳排放量相比 1992 年应降低 25%。但是当我们 2003 年进行统计时发现：弗莱堡市虽然降低了二氧化碳排放，但是减少的比例只有 5% 左右。虽然这个令人警醒的结果主要可归结于联邦层面气候保护框架的不够完善，但是也有弗莱堡内部的原因：

首先是一些重要的计划未能实现，比如曾经设想的弗莱堡热电厂和弗莱堡大学附属热电厂的热能合并项目未能实施；其次在风力发电方面，弗莱堡的潜力也远未被充分开发；最后，由于作为批准机关的州政府以及行政区政府的保守态度，计划中风轮项目未能兴建。

在气候保护方面，尽管弗莱堡在此之前已经取得了很大的成绩，但仍有巨大的改善空间。因此，2007 年市政府委托生态研究所（Öko-Institut）对 1996 年制定的首个市气候保护方案进行彻底修改，使之适应未来的需求。

我们说了不！
在维尔和其他任何地方都不要核电厂

■ *弗莱堡市最新的气候保护目标：至 2030 年实现减排 40%！*

出于上述原因，弗莱堡市政府将实现气候保护目标的时间限值推迟了，但是标杆定得更高：至 2030 年将弗莱堡市的二氧化碳排放量与 1992 年相比降低至少 40%。

一个相关的实施计划确认了市政府所具有的基本操作可能性，其中包含六类领域的节能建议：城市开发规划、市属房产和设施、能源供应、交通、内部组织以及交流和合作。

为了实现弗莱堡气候保护目标，市议会大大提高了气候保护预算。从 2008 年开始，每年市政府将会把从巴登诺瓦能源公司征得的特许权税的 10% 用于额外的气候保护措施。在这一决议的基础上，弗莱堡上一年度在气候保护方面的资金增加了大约 120 万欧元。今后在确定每一轮双年财政预算时，同时也将制定一个相应的气候保护措施方案。

```
┌─────────────────────────────────────┐
│                 目标                  │
│                                       │
│            可持续的能源供应            │
│        退出核能——全球气候保护         │
└─────────────────────────────────────┘
```

```
┌──────────────┐  ┌──────────────┐  ┌──────────────┐
│ 节能          │  │ 可再生能源    │  │ 能效技术      │
│ ● 旧建筑的保温 │  │ ● 太阳能      │  │ ● 热电联产    │
│ ● 低能耗建筑方式│  │ ● 生物质      │  │ ● 小型热电联产电站│
│ ● 被动式房屋   │  │ ● 水力发电    │  │ ● 近程和远程供热│
│ ● 节电        │  │ ● 风力发电    │  │              │
│              │  │ ● 地热        │  │              │
└──────────────┘  └──────────────┘  └──────────────┘
```

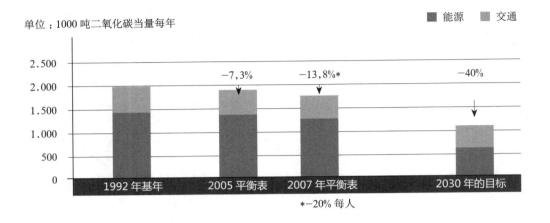

■ 气候保护方案——阶段性成果

单位：1000 吨二氧化碳当量每年

■ 能源　■ 交通

2.500

2.000　　　　　　　−7,3%　　　−13,8%*　　　　　−40%

1.500

1.000

500

0　　　　1992 年基年　　2005 平衡表　2007 年平衡表　　2030 年的目标

*−20% 每人

■ 已实现的平衡

　　当一个长远的目标制定后，应该时不时地检查一下前进的道路是否正确，并在必要时对其进行调整。正因如此，弗莱堡市从 2003 年开始每两年就会制定一份精确的气候平衡表。

　　1992 年弗莱堡的二氧化碳排放总量为近 200 万吨——即每一位弗莱堡市民平均每年向大气排放 10.7 吨对气候有害的气体。

　　但是在此后的几年中二氧化碳的排放量一直在明显减少：2007 年的排放总量只有 180 万吨，与 15 年前相比减少了 13.8%。人均减排量进步更大：与 1992 年相比，平均人均排放量减少了 20%，即每个弗莱堡市民只排放了 8.53 吨二氧化碳。这一成果相当可观！在今天的德国，可测二氧化碳排放量减少的大城市为数不多，弗莱堡便是其中之一。

　　二氧化碳排放量的持续减少说明弗莱堡在城市气候保护政策的转变上做出了正确的选择。但是为了实现 40% 的远大目标，还有很长的一段路要走。

　　弗莱堡市已经接受了这一挑战。未来在很多不同领域二氧化碳的减排潜力都有待开发——大多时候是小步前行，但偶尔也可大幅跃进。因此，市政府除了实施针对自己的气候保护措施之外，还将更密集地和城市其他参与方合作。气候保护是一项总体任务，只有在整个城市建立一个涵盖从市民到商业，从大学到工业的广泛合作网络，气候保护才能取得成功，长期减排目标才能实现：至 2030 年减少 40% 二氧化碳排放！

照片来源：Ingo Schneider

4.2　建筑节能

　　尤其是在私人建筑中，节能意义重大。私人家庭中，约有 75% 的能耗用于室内供暖，因此在降低建筑能耗方面存在着巨大的潜力。为了更多地挖掘建筑物节能的潜力，市政府为旧建筑物推出了一系列节能鼓励措施。

■ *"节能改造"促进项目*

　　自 2002 年中期起，弗莱堡市实施了"节能改造"促进项目。截至 2008 年共投资了 121 万欧元，帮助 290 栋老建筑物进行保温改造。在 2009/2010 双年预算中又再次规定了每年拨出 45 万欧元用于这一项目，而且这笔资金在 2009 年 8 月底之前已全额支出！这无疑是一笔非常值得的投资，因为通过这一项目改造的建筑物平均可以节约 38% 的供暖能耗，相当于每年 250 万千瓦时供暖能耗——等于一个中大型热电联产电站的产能！

　　在最新版本的"节能改造"促进项目中共有三大领域可以获得政府资助：既有建筑的保温、能源咨询和供暖设备优化。

　　通过这个促进项目，旧房节能改造的建筑标准有了明显提高。同时这个项目也推动了在旧房节能改造方面的投资，从而为本地手工业者创造了很多机会。我们可以自豪地说：积极的气候保护有利于本地区的所有人民。因此，我们应在这条路上继续走下去。

弗莱堡地区能源事务所

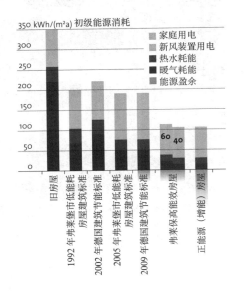

1999 年弗莱堡市联合"弗莱堡地区手工业气候保护伙伴协会（Verein Klimaschutzpartner im Handwerk Regio Freiburg e.V.）"和"飞萨协会（Fesa e.V.）"共同建立了弗莱堡地区能源事务所。该能源事务所为城镇、各公共事业单位、住房建设公司及手工业者在节能房屋技术的使用、保温以及可再生能源的利用方面提供咨询，并开发能源方案及组织节能活动。

■ 新的建筑能源标准

弗莱堡针对新建建筑实施了"新能源标准"。一个将建筑能源标准逐步提高的分段计划于 2009 年 1 月 1 日起生效，这个标准主要针对那些用于居住目的的建筑物。这一标准的推出要归功于弗莱堡在低能耗房屋建筑方面，尤其是通过丽瑟菲尔德和沃邦城区这两个项目所积累的许多优良经验。这两个城区的成功表明了自 1992 年引入、2005 年得以改进的"低能耗房屋建筑方式（NEH 2005）"不但是正确的，而且还是将来发展的方向。2009 年，该建筑方式被"弗莱堡高能效房屋标准"所替代，该标准与国际上被动房能源标准非常相近。这一标准被分为两步——"弗莱堡高能效房屋标准 60"和"弗莱堡高能效房屋标准 40"于 2009 年和 2011 年得以引入。

弗莱堡高能效房屋标准参照了德国再建设银行（Kreditanstalt für Wiederaufbau）的资助标准。从而，业主可根据该标准申请相应的资助并简化相关的证明程序。满足德国再建设银行节能标准的房屋被称为"再建设银行高能效房屋 55（KfW Effizienzhaus 55）"，只有这类房屋才能得到再建设银行的资助。

■ 提高建筑能源标准对弗莱堡市及市内的建筑物意味着什么？

政府必须以身作则：从 2009 年起，弗莱堡市新建及扩建的所有公共建筑物都采用了被动式房屋建筑方式，即建筑物每平方米的供暖需求每年不超过 15 千瓦时。弗莱堡市公共建筑管理局在今后新建建筑时还将考察，该建筑按照增能房屋标准建造的可能性和经济性。从而，市政府为自己设定的节能标准比对私人业主的要求更高。弗莱堡市政建设有限公司（FSB）是市政府的子公司，该公司自愿在公司所有新建出租公寓以及——尤为值得一提的是——所有产权公寓中引入被动式房屋的建设元素，其中包括目前正在建造的 134 套出租公寓以及 34 套产权公寓，计划以这种方式共建造 350 套公寓。上述更高的节能标准从 2006 年起适用于在从市政府购买的土地上建设的私有住宅。

弗莱堡环保局出版的一份名为"舒适的创新建筑——弗莱堡的高能效房屋"的宣传手册将为您提供更多关于这个主题的详细信息。

4.3 魏恩加藤西部：全面改造整个城区

联邦范围内约有 500 万人口居住在大型居住区内的 240 万套住宅中。这些住宅在能耗和二氧化碳排放中占了很大的比例。弗莱堡的情况也是如此，以魏恩加藤西部为例，这是弗莱堡市西部一个于 20 世纪 60 年代建造以高层住宅为主的城区。约有来自 70 多个国家的 5800 名居民居住在这儿，其中老年人的比例远远超出了平均水平。

这些住宅内的取暖设备、卫生设备、浴缸、窗户和保温层早已不符合今天的标准，因此市议会决定对该地区进行全面改造。

魏恩加藤西部的高楼产权属于市政建设公司，该公司于 2007 年就已经开始对这些高楼内的 2026 套住宅进行节能改造。这一改造项目总投资逾 1.14 亿欧元，是弗莱堡历史上最大的改造工程。一部分房屋以新建建筑标准来改造，有些条件更为合适的房屋则以低能耗标准甚至被动式房屋标准进行改造。先进的暖气设备在一个保温效果良好的建筑物中大约只需消耗原来一半的能源，因此二氧化碳排放量可减少约 44%（从每平方米每年 21.4 公斤降到今后的 11.9 公斤）。

不仅气候将受益于节能优化，居住在这些住宅中的居民也同样获益匪浅，随着能耗的明显降低，取暖费用也就随之大大减少。

这个方案的特别之处在于对该城区原有的社会结构予以保留及巩固，使该城区的居民能够继续生活在他们所熟悉的环境里。出于这个考虑，改造后的租金只有小幅上涨。

市政建设公司的这一整体方案不仅受到了跨地区媒体及专业人士的好评，而且公司还因此于 2009 年 7 月获得了嘉奖：在联邦建设部举办的"大型居住区节能改造"竞赛中，弗莱堡市政建设公司获得了奖金为 7.5 万欧元的"银奖"。

一栋 16 层高的被动式房屋——只在弗莱堡才有

弗莱堡市政建设公司另一项突破性的成果是改造位于魏恩加藤 Bugginger 大街的一栋 16 层的高层建筑。在联邦科研部资助的资助下，这栋

有 40 年历史的高层建筑已于 2010 年被改造
成德国第一栋被动式高层建筑，改造之后供
暖能耗下降了约 80%。

4.4 可再生能源：拓展可再生能源

　　可再生能源这个名称就显示了它的优点：
消费者消耗的不是那些会用尽的资源，而是
利用自然的力量，但又使之不脱离自然。太阳，
对人类来说它就是一个永不枯竭的能量源泉，
从风能到生物质，几乎所有的可再生能源都
可以溯源至此。被称为"适应未来"的能源
供应在将来应该完全依靠这些可再生的能源载体。

　　弗莱堡有很多可再生能源源泉：从德赖萨姆河或格韦博小溪上的水电
站、大量的太阳能利用项目，到废料木块燃烧设备和生物质发酵；弗莱堡
消耗的电能中的 4% 是由本市的可再生能源产生的。在 2004 年，市政府就
制定了在 2010 年前把这一比例提高至 10% 的目标。2007 年重新调整市气
候保护战略时，当时州政府对于风能利用采取十分保守的态度，在这个背
景下市政府对可再生能源发电做了新的评估。在"最优发展环境"这一设
想的场景中（2007 年的气候保护决议便是在这个预测的基础上制定的），
预期到 2020 年，弗莱堡约 18% 的耗电可以由可再生能源提供。

　　今天，地区能源集团巴登诺瓦股份公司向私人用户供应的电力中的
一半就已经来自可再生能源，另一半则由热电联产电站产生。弗莱堡的
巴登诺瓦用户中甚至有 10% 选择了更环保的"积极使用本地区电力"供
电方案，该方案的电能完全由可再生能源创造。由市政府参股三分之一
的巴登诺瓦股份公司甚至决心从 2015 年起，随着南巴登地区的能源转
型向个人和企业用户供应百分之百由可再生能源及通过热电联产创造的、
不含核能的自然能源。但是，这个目标在初期只能通过购买外部地区可
再生能源电能来实现。

■ 弗莱堡市屋顶上的太阳能

　　弗莱堡是名副其实的太阳能之城：弗莱堡市制定了一份名为"免费太阳"（FREE SUN）——"弗莱堡市的可再生能源：太阳"的登记册，上面精确显示弗莱堡市有哪些屋顶可以用于太阳能，从而弗莱堡成为了巴登·符腾堡州第一批制定类似登记册的城市之一。弗莱堡通过激光扫描对市内建筑物屋顶的大小、方向、位置和阴影情况进行了精确统计。在 www. freiburg.de/freesun 这一网页上，屋主可以快速、免费地获悉自家屋顶是否适于安装太阳能（光伏或太阳热能）设备，查阅结果对于屋主没有强制约束力。

　　为了支持那些不拥有自家屋顶的私人用户，弗莱堡市从很多年前就开始向他们提供公共建筑的屋顶用于安装光伏设备——这也是为什么太阳能在弗莱堡发展迅速的原因之一。截至 2009 年 12 月，弗莱堡共安装了 1.5 万平方米太阳热能收集器和超过 1000 多套光伏设备。这些光伏设备的功率总和为 15 兆瓦——足够为 5500 户两口之家供应全年所需的能源。很多光伏设备安装在学校、教堂、公共建筑及私人房屋上。弗莱堡市政建设公司（FSB）仅在 2008/2009 年便在属于该公司的住宅建筑上安装了总功率约 800 千峰瓦的光伏设备。市内的大型设备还有：展览中心（694 千瓦）、31 号国道隧道 (365 千瓦)、巴登诺瓦体育场（290 千瓦)、大学 (550 千瓦)、弗莱堡交通股份公司 (300 千瓦) 及火车站塔楼 (55 千瓦)。

■ 风、水和气

　　为了实现利用可再生能源覆盖 10% 的电耗的目标，还需迈出的巨大一步就是生物质

Freiburgs Erneuerbare Energie: Sonne

弗莱堡的可再生能源：太阳
照片来源：巴登诺华公司

发电。现在水力发电在弗莱堡当然已经是一个很重要的话题：在弗莱堡这座"城溪之都（Stadt der Bächle）"共有 7 座不同的水电站，分别位于德赖萨姆河与格韦博溪上，其中一部分是由私人积极组建的。最新的一个电站是在 2008 年由瓦格纳水力公司建造的，位于桑特芳（Sandfang）。该电站利用那里 3 米的水流落差，每年可发电 30 ～ 35 万千瓦时，同时保持气候中性。

照片来源：巴登诺瓦能源公司

在生物天然气的利用方面也取得了突破。巴登诺瓦公司从 2010 年起在公司内大量生产生物燃气（弗莱堡周围地区从 2011 年开始）。一部分生物燃气将被净化成生物天然气，输入天然气网，从而可以随处供人使用。从 2009 年起，所有的弗莱堡室内游泳馆的小型热电联产发电站都以生物天然气为燃料。

目前正在检验是否应该在弗莱堡地区现有的 5 座风轮之外建造新的风力发电设备。

照片来源：巴登诺瓦能源公司

■ 环境友好的地区电力

从 2008 年起，供弗莱堡私人家庭使用的、由地区能源供应商巴登诺瓦公司供应的电力都是不含核能源的。人们可以选择购买两类电力方案：第一种是所谓的"基础版地区电力（regiostrom basis）"。这一供电方案所供的电力不是由燃油和燃煤热电厂生产的，而是由热电联产电厂（天然气、垃圾填埋气、木块废料）和可再生能源生产的，其中两者各占一半比例；如果谁想更环保一些，则可以购买"积极版地区电力（regiostrom aktiv）"。该电力完全来源于可再生能源。"积极版地区电力"高出"基础版地区电力"的差价则被用于可再生能源设备的扩建。

市政府以身作则：自 2004 年起，弗莱堡所有的学校和幼儿园使用的都是环保的地区电力，2008 年起则使用百分之百来源于可再生能源的"积极版地区电力"。学校和幼儿园建筑占所有政府建筑的 50%。市政府大楼则继续使用"基础版地区电力"。

■ *绿色的有轨电车——弗莱堡的有轨电车使用生态电*

照片来源：弗莱堡交通股份公司

从 2009 年 1 月 1 日起，弗莱堡的所有有轨电车都开始使用气候中和的生态电。弗莱堡的有轨电车每年消耗电能大约为 1.3 万兆瓦，其中 80% 的电力来自水电站，20% 的电力来自风能和太阳能发电。以此实现的二氧化碳减排量十分可观：每年避免排放约 7000 吨温室气体。此外，有轨电车还使用了一种特殊的刹车装置，可以回收刹车时产生的能量，因此还能节约额外的 20% 的电耗。

4.5 提高能效

尽管弗莱堡节能成果显著，可再生能源发展迅速，但是有一点即使在弗莱堡也是不容置疑的，即当前能源供应还不能完全脱离矿物能源载体。既然如此，那么至少应该尽可能地提高矿物能源的利用效率。热电联产，即同时获得电和热能，是一种更好的矿物能源利用方式，是高效利用能源的关键技术。

在弗莱堡，已经有 140 多套小型热电联产设备，能够产生城市所需电能的 50%。2007 年核电的比例已被降到低于 25%。弗莱堡用热电联产供应三个室内游泳馆。1991 年朗特瓦色城区的远程供热区域就开始转为使用以垃圾填埋气及天然气为燃料的、能效更好的热电联产产出的热能。魏恩加藤城区和丽瑟菲尔德城区也从 1998 年开始使用由天然气热电联产设备产出的远程热能和电能。新城区沃邦城区配备了一个使用废料木块的小型热电联产设备。

　　最大的热电联产项目是弗莱堡热能集团电厂，这是由巴登诺瓦公司前身 FEW 和罗迪亚公司共同投产的、以公私伙伴关系（Public Private Partnership）成立的公司。该热电联产设备在 1998 年是德国效率最高的设备之一。热能用于罗迪亚公司的生产流程，所生产的大部分电能都输入了弗莱堡的电网。

■ *"高能效城市弗莱堡"总体规划*

　　"高能效城市"总体规划构想的目的在于推动高效的、分散的能源供应方案，例如热电联产厂，开发灵活的规划手段，以此为未来实现弗莱堡的气候保护目标作出重要的贡献。总体规划包括三个部分：一份热能登记册作为数据基础，制定热电联产扩展战略，以及实施和交流。第一步弗莱堡市在 2010 年制定热能登记册，统计并显示弗莱堡市的热能消耗以及能源设备。在这个登记册的基础上，在提高能效和推动热电联产发展战略框架内，实现现有能源网络的扩展和优化。

沃邦小型热电联产电站

　　从能源供应商到住宅建设公司，所有重要的措施执行者都将参与制定战略。

　　利用这种规划手段可以规定用于建造分散小型热电联产设备的优先区域或将现有的网络和即将新建的网络连接起来。通过这样一个完整的方法，今后可以及早为投资人和营造商提供实施各种分散的、能使他们在经济及生态两方面获益的供应方案的可能性。

　　有针对性的公共宣传工作是这个总体规划的第三个重要组成部分。为业主和住宅建设公司创造各种可能，方便他们获得易懂的关于高效能源供应技术的信息，这样的可能性包括互联网、咨询日及实地参观等。

■ *工业、商业和贸易中的能效提高*

　　弗莱堡气候保护战略中一个重要的行动领域是工商业，因为在这一领域具有巨大的节能潜力。为了挖掘这些潜力，市政府制定了一个专门的行业方案，这个方案将帮助企业认识到他们的节能潜力并利用这些潜力。特别的主题报告、对企业的实地参观和咨询计划为本地企业提供各种了解和实施能源、环保和气候保护课题的渠道。从长期看，应建立一个企业关系网络，网络中的企业应设定一个共同的气候保护目标，通过互相支持和协作，共同为实现这个目标而努力。

　　已经有很多弗莱堡的企业在他们的节能项目中取得了成功，这里仅举少数例子：

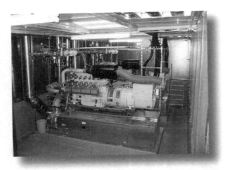

市剧院的热电联产设备：2 个小型热电联产模块，每个电功率为 350 千瓦、热功率为 520 千瓦时

太阳能信息中心

　　弗莱堡开创先例，其他城市争相学习——比如新展览中心旁的太阳能信息中心。这黄色的大楼是 2003 年年底建成的，总面积 1.4 万平方米，可以为可再生能源和能效技术行业提供办公、生产、研究场所。

　　项目私人投资高达 2650 万欧元，市政府以优惠的土地价格为该项目提供支持。目前共有 45 家企业、约 400 名员工在中心安家落户。这些企业完成的项目不仅为这个地区而且为国际带来很多启示。这个创新的大楼方案和能源方案也向大家展示了使用可再生能源也可以有很高的经济效应。

　　这个方案在国际上影响深远：目前韩国也正在按照弗莱堡模式（以及在弗莱堡的支

持下）建造一个太阳能信息中心。几年后在首尔南部将建成一座拥有 50 万人口的新行政首都，命名为世宗。在这一新都的规划初期便已深入考虑了生态标准。绿色信息中心是这个壮志勃勃的项目中的一部分。

维多利亚酒店

弗莱堡维多利亚酒店通过完全使用太阳、水、风及木材这些可再生资源，成为了一所零排放酒店。酒店供暖依赖一座高能木屑燃烧设备和一座太阳热能设备。客房的降温则利用地下水制冷。

屋顶上的"能量园"通过一个光伏电站和四个风轮为酒店提供环保的电能，不足的电能则由酒店参与建设的"风电园（Windpark）"供应。隔热层、水流限流器、节能客房迷你吧和 LED 客房照明设备更完善了酒店坚定执行的节能方案。

此外，酒店为客人免费提供地区交通卡、出租自行车甚至太阳能汽车，这些服务都为同行创造了优良的榜样。因为酒店对环境保护的投入，已经两次被权威机构评为"世界最生态酒店"。

辉瑞项目

弗莱堡"布什曼规划集团 (Plannungs-gruppe Buschmann)"和弗劳恩霍夫太阳能研究所（ISE）共同为弗莱堡辉瑞制药厂制定了一项改造和扩建方案，并从能源和生态角度优化了药厂大楼。这个项目获得了"2007 辉瑞绿色建筑奖"。高能木屑燃烧设备的安装标志着辉瑞进入了使用可再生能源的时代。项目还结合了其他创新元素，最终形成了一个值得借鉴的总体方案。

绿色建筑
放眼于全球
行动于地方

太阳能工厂

太阳能工厂股份公司不仅通过生产太阳能电池板促进太阳能的利用。工厂大楼本身便是创新的标志，并因此多次荣获嘉奖。工厂生产和管理所需的所有能源都是由工厂自己的光伏设备和使用油菜籽油作为燃料的热电联产设备提供的。

4.6 弗莱堡气候运动：更多交流，更好的效果

■ 弗莱堡二氧化碳"节食"

在二氧化碳"节食"活动中市民们可以在网上制定个人的气候平衡表，并获得关于各种"减肥"措施的信息。利用一个网上计算器可以计算"个人二氧化碳足迹"。与此相应，网民们还能找到各种建议和联系方式，帮助他们降低个人二氧化碳消耗。感兴趣的人还能了解怎样平衡他们的二氧化碳排放。

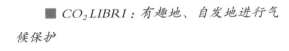

■ CO_2 LIBRI：有趣地、自发地进行气候保护

2009 年 3 月弗莱堡市发动起了名为"CO_2LIBRI（意为蜂鸟）"的可持续气候运动，这个运动将长期进行。市政府意图借助组织各种不同的活动说服市民们积极参与气候保护工作：使用环保的交通工具、有意义地使用能源和热能、更多地在没有排放的情况下享受生活——这些便是该运动所要传达的信息。

2009 年"CO$_2$LIBRI"气候运动以一支"二氧化碳分子之舞"拉开了帷幕。代表着可以触摸的二氧化碳分子的巨大蓝球滚过市中心。趣味、新鲜、冒险和自发的相遇都是举办者想要达到的效果。在分子之舞的同时，"CO$_2$LIBRI"丰富多彩的网页也开通了，不仅为大家提供关于本地各处活动的最新提示，也有一个社区版块和大量信息：2010 年 CO$_2$LIBRI 和弗莱堡体育俱乐部进行了一次非同寻常的合作，共同举办了"为了气候——主场比赛"。在对阵波鸿队的德甲联赛上，弗莱堡队作为"气候保护者"出现在 2.15 万观众面前。球迷们用印有 CO$_2$LIBRI 标志的球迷手掌拍为他们的俱乐部加油，并同时观看蓝色大球的跃动。为了使气候保护这个主题持续停留在市民的意识中，CO$_2$LIBRI 信息讲台将时不时地出现在弗莱堡市民的日常生活中，例如在某一个市中心的活动日上，信息讲台的主题便是关于如何以对气候有利的方式"享受"和"发现"生活。

　　整个运动已持续两年，今后也将继续通过诱人的活动吸引更多人的注意。

照片来源：Sebastian Bender

■ *弗莱堡节电检查*

弗莱堡节电检查是弗莱堡市从 2008 年以来为低收入家庭提供的一项节能服务。这次由 Caritas 协会、VABE 协会（城镇工作和就业措施促进协会）以及弗莱堡市政府共同组织的行动有多个目标：一方面如活动名称所显示的，是要降低低收入家庭的电耗，以此减轻他们的负担；另一方面，长期失业者可以通过培训成为节电帮手，以此获得再就业的机会。

从 2008 年 10 月到 2009 年 9 月，14 名经过培训的长期失业者作为节电帮手穿梭于弗莱堡市的各个角落。在 2009 年的前 8 个月，他们已经为 143 户依靠二级失业救济金生活的家庭提供了咨询，共安装了 329 个节能灯泡，98 个拖线板，49 个节水龙头和 35 个节水花洒。每年每户家庭可以节约 74 欧元，少数家庭甚至可以节约 200 欧元以上。

因为这个活动除了它的社会效应外，也可为环保和气候保护作出重要的贡献，所以活动由巴登诺瓦创新基金会资助。

■ *促进创新*

如果没有足够的财政支持，弗莱堡的很多示范性项目都不可能得到实施。巴登诺瓦水源与大气保护创新基金会在过去几年中提供了数目可观的

漫画：Renate Alf

资金。作为能源服务企业的巴登诺瓦公司将每年盈利的 3% 投入这个基金会，支持本地新型示范项目的开展——至今累计至少投资了 180 万欧元。在过去几年当中弗莱堡共筹集到逾 1700 万欧元，资助了整个地区的 145 个环境项目。不仅如此，这些促进资金还带动各企业机构在环境及气候领域共投资了 7700 多万欧元。行业协会、组织、协会、企业、个人和城镇都可以申请此类资金资助。

　　由于弗莱堡市政府在开展项目时十分注重创新，因此很多市政府的环保项目也得到了各个基金会的支持：如文清格中学的符合被动房节能标准的教学楼或理查德－菲恩巴赫商业学校的能源技术培训中心，以及一些环境教育项目例如森林小屋、科学网和名为"将可持续性作为生活艺术"的系列活动。另外以节约能源即减少碳排放为主题的"弗莱堡二氧化碳'节食'"行动和"弗莱堡节电检查"行动也都得到了基金会的财政援助。

4.7　太阳作为经济因素：阳光地带弗莱堡

　　弗莱堡为何会成为阳光地带？很简单：这个德国最南端的大城市每年日照时间达 1800 小时，不仅拥有地中海城市般的魅力，还为太阳能利用提供了最佳的条件。此外，没有一个其他德国城市在太阳能领域拥有像"太阳能之城"弗莱堡这样密集的研究和实际应用项目。

　　"阳光地带弗莱堡"的理念来自 2000 年汉诺威世博会。当时的弗莱堡就已经因为众多的示范性项目在德国太阳能领域居于先锋地位，在 2000 年世博会上的展示更为弗莱堡赢得了全球的关注和认可。弗莱堡在这次世博会上名副其实地展示了她"阳光的一面"。许多当时已经在弗莱堡实施的一流太阳能项目为弗莱堡赢得了"太阳能产业最佳入驻地"的美誉。

阳光地带弗莱堡

■ 世界第一栋能源自给自足的太阳能建筑就在弗莱堡

在弗莱堡不仅产生了第一栋能源自给自足的建筑，还有一栋由太阳能建筑师罗尔夫·迪希（Rolf Disch）建造的可旋转的太阳能屋——"向日葵屋（Heliotrop）"。德甲球队 SC 弗莱堡队的主场是德国第一座安装太阳能设备的足球场。德国规定了光伏发电并网价格的《可再生能源法》在 2000 年生效，但其实多年前当地的地区能源供应商 FEW 公司（现为巴登诺瓦公司）就已经推出了"太阳能芬尼（Solarpfennig）"项目，旨在为太阳能利用提供资金支持。

■ 优良的太阳能基地

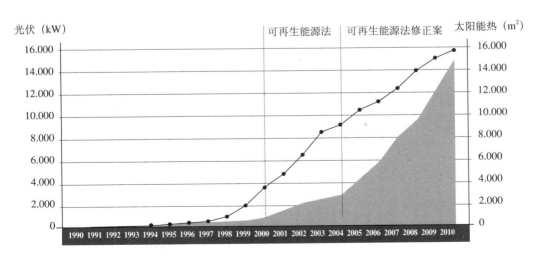

"阳光地带弗莱堡"的目标是结合已有的多方面的项目，为未来发展寻找新的动力。除了在 2000 年世博会上的展示以及之后的一些交流措施之外，弗莱堡作为全球太阳能基地（同时也作为太阳能专业旅游和考察目的地）也取得了很好的广告效应，这是我们十分乐见的结果。"阳光地带弗莱堡"一直都不是一个正式成立的组织，而是一个松散的网络，为这一行业的积极参与者提供互相交流的机会。

　　弗莱堡（至少在德国范围内）在利用太阳能方面拥有很多有利的前提条件：弗莱堡每年日照时间在 1700 ～ 2000 小时之间，每平方米每年高于1100 千瓦时的中等日晒，因此光伏设备的收益很高。一个功率为 1 千瓦、模块面积 8 平方米的光伏设备每年可以产电 1000 千瓦时。这些电可以输入公共电网并获得报酬。

　　对于用于供热水或供暖的太阳热能设备而言，这里的前提条件同样有利。但是由于将这种设备和建筑物供暖设备连接的流程比较复杂，所以对于利用太阳热能设备可能获得的收益各方说法不一。

　　在联邦"太阳能甲级联赛"中弗莱堡已经连续四次在大城市组中获得了第一名（2009 年：第三名）。现在弗莱堡的电能需求中已经有将近 1.1%来源于光伏发电。在所有可再生能源中，太阳能是发展最快、潜力最大的一种能源。

　　■ *多样性是弗莱堡的特色*

　　"阳光地带弗莱堡"的特别之处不在于它专注于某一项技术，也不是某一个大型项目使弗莱堡变得独一无二。尽管弗莱堡的太阳能行业不断地推出技术创新——从弗莱堡火车站塔楼的外墙模块，到大学附属医院实验室和仪器的太阳热能制冷技术，再到带有光学聚光系统的光伏模块——但其实从原则上讲，这些技术到处都可以得以应用。弗莱堡真正的优势在于在太阳能应用方面不同寻常的多样性及其在众多生活和社会领域为可持续性地区发展所作出的重要贡献。

　　其他地方往往必须在环境保护和经济发展之间寻找妥协，而阳光地带以实践证明这两者完全可以相辅相成。

以经济为例

弗莱堡不是一个工业基地，因此这里分布非常密集的太阳能企业对地区经济作出的贡献也就尤为重要。例如太阳能工厂股份公司、S.A.G. 太阳能发电股份公司、太阳能市场股份公司、Concentrix 太阳能有限公司等都是具有国际影响的大企业。此外，在手工业方面（在其他任何地方都不可能像在弗莱堡这么容易找到合格的太阳能应用设备安装公司），以及能源咨询和融资领域也确实形成了太阳能经济产业链。很多太阳能行业外的企业也已经认识到太阳能设备和他们的经营宗旨很相符：许多超市、化工厂

等都安装了太阳能设备，以此显示他们的社会责任心——当然在经济方面他们也不会因此有任何损失。虽然弗莱堡的太阳能行业在产量上不是最大的，但是它对于本地区的就业和销售额，特别是弗莱堡作为企业驻地这一形象的贡献已经远远超出了平均水平，而良好的企业驻地形象还会对其他经济行业带来正面的影响。

以市民参与为例

自 20 世纪 70 年代反对核电站的抗议以来，市民在能源领域的广泛参与已经成为弗莱堡的传统。对于许多屋主而言，在自家安装太阳能设备已经成为一个不言而喻的选择。除此以外，弗莱堡还有很多其他方式供市民参与：如通过组建合作社、协会、基金或集资参股等。其中最著名例子包括由弗莱堡市民集资安装的地区太阳能发电站（首例以这种方式安装的太阳能发电设备，现在这种集资模式已经被多方借鉴，最近还被用于风电

照片来源：Emit Gunnet

设备的安装）、弗莱堡大学用于建设"太阳能大学"的光伏发电设备（550千瓦）、31号国道东部隧道长廊上的光伏发电设备（365千瓦）以及很多由学校、教师及家长共同投资安装的设备，而且弗莱堡市民还能从能源供应商巴登诺瓦公司采购利用可再生能源所发的电——目前该公司10%的用户使用的已经是这种电。

照片来源：FWTM

以市场支持为例

弗莱堡市区以及周边的太阳能设备中近90%都在某种形式上得到地区能源供应商巴登诺瓦公司及其创办的地区电力基金会的支持，这个基金会只为利用太阳能、水能和生物质能这些可再生能源的设备提供资金。

以旅游业为例

旅游业作为弗莱堡市重要的经济产业也得益于本市积极的环境及太阳能政策：如四星级的维多利亚酒店是全球首家零排放酒店，火车站塔楼上安装了太阳能外墙，许多酒店

照片来源：罗尔夫·迪希，太阳能建筑设计所

和餐厅也都实施了包括太阳能利用在内的能源方案。弗莱堡的有轨电车使用的电力完全来自可再生能源。来自世界各地的专业访客来弗莱堡参观各项太阳能项目，他们带来的传播效应也推动了整个弗莱堡的旅游业的发展。此外，专业访客团体还可以获得专门的信息和导览。

以建造和居住为例

太阳能建筑的含义远远超出在屋顶上安装太阳能设备。在弗莱堡太阳能建筑设计和可持续的城市规划紧密相连。早在1992年，弗莱堡便已首次

规定在丽瑟菲尔德新城区和沃邦新城区实行低能耗建筑标准。之后，弗莱堡市政府又将该标准逐步提高。这一节能标准长期推动了建筑行业的创新，至今依然如此。

位于施丽尔贝格山脚下太阳能社区的被动式房屋和"增能房屋"以及一栋融居住、办公与商业于一体的大楼"太阳船"更促进了该标准的发展。太阳能不仅在上述能源方案中是理所当然的重要组成部分，在对既有建筑实施改造时也是如此（参见第 1 章第 1.3 节关于节能改造部分，第 12 页）。

以研发为例

弗莱堡市的太阳能经济并非建立在大批量生产基础上，而是以专有技术研发为主。欧洲最大的太阳能研究院，即弗劳恩霍夫太阳能系统研究院，便坐落在弗莱堡。弗劳恩霍夫太阳能系统研究所携其上千名科研人员为高效环保的能源供应创造了技术前提，不仅在工业国家，在新兴国家和发展中国家亦是如此。该研究所的创新成果很大一部分都集中在建筑节能和太阳能建筑一体化等方面的技术领域。该研究所提供规划、咨询服务或为其他服务型企业提供所需的知识和技术装备。

对弗莱堡自身而言，专业知识和技术在此集中无疑代表着不可估量的企业创立地优势。弗劳恩霍夫太阳能系统研究所作为合作伙伴参与了大量的项目。研究所还发起创建了相当多的公司。弗莱堡大学跨学科的可再生能源研究中心（ZEE）为已有的知识网络锦上添花。生态研究所（ko-Institut）也蜚声国际。此外，还有多个活跃于全球的行业协会也位于弗莱堡：如"国际太阳能学会（ISES）"和"国际地方政府环境行动理事会欧洲分会（ICLEI）"。在许多地方机构的支持下，如弗莱堡能源署、"弗莱堡地区能源和太阳能事务所促进协会（FESA）"、手工业未来工厂以及太阳能信息中心等，弗莱堡市无疑是获取太阳能专业知识的第一选择。

以教育和职业培训为例

弗莱堡的学校和培训机构也积极参与，推动太阳能的发展：理查德－费恩巴赫职业学校和手工业行会一起首创了关于太阳能的职业教育专业模块，现在该专业已经成为所有建筑职业培训中必不可少的部分。众所周知：技术开发和最终应用之间需要手工业来连接。通过专门关于太阳能应用的职业培训可以保证学生易于接受创新技术，向学生传授技术能力，使他们能够最终应用、安装并维护这些创新技术。商业学校和商业学院所属的太阳能培训机构也制定的相关培训方案以供国际交流。

　　弗莱堡三分之一的学校拥有自己的太阳能项目，由积极的学生团体、教师和家长共同在校舍屋顶上安装太阳能设备。随着节能项目和旧房改造的推进，学生和教师对学校的归属感得到增强，学习环境的质量得以改善，这一切在很大程度上会促使更多年轻人选择从事技术性职业。

■ 弗莱堡市政府在"阳光地带"的角色

　　在太阳能政策方面，弗莱堡市政府的任务并不像技术官僚那样地强制推进项目实施，而是通过一系列政策手段支持活跃于这个领域的参与各方，例如通过为太阳能投资

者开放市公共建筑的屋顶以供设备安装、提供项目补贴、开展自身的太阳能项目、制定促进计划、参与创建地区能源供应商巴登诺瓦公司并通过该公司使城镇能源政策在一个完全自由化的市场上发挥影响、促进经济及产业集群发展、为新建建筑制定低能耗标准、深化社会宣传、加强与伙伴城市之间在能源问题方面的跨区域协作与合作以及提高太阳能应用在教育和职业培训领域的影响等。

4.8 既明智又可持续：市属房产管理

至 2030 年二氧化碳排放减少 40%——如果哪个城市和弗莱堡一样追求这样一个雄心勃勃的气候保护目标，那么必须实现自身既有建筑的可持续营运，在此不仅是指建筑物日常使用和维护，还包括建筑物的改造和新建。弗莱堡市属房产管理局（GMF）管理着约 450 栋市属建筑物。除各政府管理机构所在的大楼、幼儿园、青少年之家或市民之家外，约 80 所学校的校舍无论是从面积还是从能源消耗角度来看都是市政府所属建筑物中最大的组成部分。

市属房产管理局至今为止在节能方面取得的成绩无疑令人印象深刻，但是它真正的成功还将取决于是否能够继续降低市政府建筑物的能耗，因为弗莱堡的目标是：至 2030 年将二氧化碳排放减少 40%！

因此市属房产管理局为将来制定了以下目标：

- 比较分析改造或新建房屋两者的经济性；
- 新建建筑物时，事先检验建造增能房屋是否经济（基本原则：新建建筑至少应按照微能被动式房屋建筑方式建造）；
- 在采取普遍改造措施之后，必须达到弗莱堡的低能耗标准；
- 加强物业管理培训和为使用者提供更多节能信息；
- 加强运行能源管理，在今后五年中通过逐步增加远程诊断和远程控制将 30 栋楼宇升级；
- 至 2015 年通过建筑和技术方面的措施以及加强运行能源管理，使本局管理的所有建筑物每平方米毛楼层面积的供暖能耗（所有大楼的平均值）与基年 1992 年相比降低 50%；
- 为所有改造后的、适合的屋顶公开招标，征集安装光伏设备；
- 利用现有的资助计划（促进补贴），减轻市财政负担；
- 避免耗电量增加；
- 至 2015 年将参加非投资节能项目（五五开项目）的学校比例增加至 75%。

■ *市属建筑物的改造*

自 1997 年起，维尔霍夫中学有幸成为弗莱堡第一所进行全面保温改造的学校。2002 年，该校还安装了一套新的供暖设备。数据证明一切：该校的能耗从 1998 年的 2089 兆瓦时下降到了 2008 年的 606 兆瓦时——节能比例超过 70%！

在取得了上述成功之后，市房管局对大批其他建筑物进行了改造。在部分全面改造项目中将建筑物外墙进行了高标准保温改造。在过去 4 年中，该局在改造项目中共投资了 9000 万欧元。

2003 ~ 2009 年之间，弗莱堡市共向巴登·符腾堡州的"气候保护——加强版"的促进补助项目递交了 53 份申请。市政府自身在建筑物节能方面共投资了 2700 万欧元，这些资金主要被用于改进保温措施。约 280 万欧元的补助资金则完全用于其他节能措施。

■ *新建建筑物——只能按照微能被动式房屋建筑方式*

想要以可持续的方式建造房屋，就离不开被动式房屋这一先进的建造方式。被动式房屋对热能需求很低，每年每平方米仅 15 千瓦时，如果把热水供暖和管路损失等能耗都计算进去，那么就相当于每年每平方米实际耗能约 25 ~ 35 千瓦时，同时必须通过高标准保证有效地利用电能，只有在这两者都实现的情况下，这栋建筑物才能被认证为微能被动式房屋。

按被动式房屋建筑方式建成的、或将要建的市政府建筑物有：

1. 文清格中学全日制学校扩建部分，2009 年建成；

2. 法耶尔中学新建大楼，2009 年建成；

3. 梅丽昂中学扩建，2011 年建成；

4. 消防总队新建大楼，2011 年建成。

今后在每一栋新建筑物建造之前原则上都应该估算，建造一栋增能房屋的可能性和经济性。所谓增能房屋，即通过在房顶上安装光伏设备等各种可再生能源的方式，使这个房屋每年产出的能源高出它所消耗的能源。

照片：弗莱堡市属房产管理局

乌阿赫街幼儿园项目以及艺术中心项目可能将是首批由市政府使用的增能房屋。至2015年，将有更多这样的建筑物投入使用。

■ *正确运营：高舒适度和低能耗*

仅仅通过改变建筑运营的方式方法，就有可能将供暖成本和消耗提高或降低10%～20%。在建筑物运营和管理过程中通过能源管理以及雇用受过良好培训的房屋管理员能为优化能源效率作出很大的贡献。楼宇是否能实现低能耗，在很大程度上也取决于建筑物内的技术设备，如暖气和通风设备。因此，不仅应该专业地运行这些设备，设备的正确设置也是至关重要的。空间在使用时才供暖，空置时则不供暖，通过这样的方式可以节约很多能源。但是这些过程必须经过精准的调控。

为此市属房产管理局和职业学校共同开发了一套培训方案，为在供暖技术领域工作的房屋管理员提供专门培训。这套培训方案的特别之处是：在"数据记录仪"这一培训单元中，由两名房屋管理员亲自向他们的同事传授他们成功的经验，他们授课时充满激情，从而获得了一致好评。

数据记录仪是一个很小的仪器，比火柴盒大不了多少，房屋管理员可以通过它随时看到温度并且精确地按需调整室内温度。这无疑是一个物有所值的仪器：如果将过高的室温调低，每降1℃可以节约6%的能源和成本。

■ *五五开——10年来弗莱堡的一个成功故事*

理念虽简单，但是效果很好：在五五开项目中，如果学校可以通过最简单的方法，即无需任何资金便实现节约用电和用水，节约下来费用中的一半可以由学校保留。所有参与者的积极性是这个成功故事中最关键的前提。弗莱堡市议会于1998年3月颁布了"弗莱堡激励体系"，为推动参与方的积极性奠定了扎实的基础。

十多年之后的今天，"弗莱堡激励体系"的成功引人瞩目：至今持续实现了节能 5%～10% 的目标。在这 10 年共节约了 151.8 万欧元，减少了 6855 吨二氧化碳的排放。

市房管局的目标是继续保持现有的节能水平，力争让更多学校参与到此项目中。目前近 50% 的学校已经参与了这个项目，所以房管局的目标是至 2015 年将参加学校的比例提升到 75%。

■ *10 年五五开项目，弗莱堡学校节能总量*

（548.2 万千瓦时）　　（1649.8 万千瓦时）　　（5.05 万立方米）　　（685.5 万公斤）
电　　　　　　　　　　热能　　　　　　　　　　水　　　　　　　　二氧化碳

共节约成本：151.8 万欧元

■ 合同（*Contracting*）

尽管弗莱堡市在过去不断地尝试，优先推动建筑物的节能改造，但有一点是显而易见的，即不可能所有的工作都由市政府自己完成。为了更全面地挖掘节能改造潜力，弗莱堡市从 1998 年开始利用合同这一解决办法。也就是说，弗莱堡市将某些任务转交给服务性企业，由它来实施具体工作。

设备合同

在这种合同方式下，合同对方负责某一项设备（比如供暖设备）的融资、规划、建造和运行。弗莱堡市与合同对方签订一份供暖合同，并为获得的暖气供应支付相应的费用。安装设备所需的资金完全来自合同中约定的供暖资费，而不是来自所节约的能源。现在已有四栋市政府楼宇通过此类合同方式供暖。

合同能源管理

在合同能源管理中，正如它的名称所显示的，一个企业负责系统地挖掘一栋或多栋建筑的节能潜力。在节能合同中双方规定可节约能源的量。

合同对方负责节能措施的融资、规划、建造、管理和运行。作为报酬，该企业可以获得所节约能源成本中的大部分，以用来收回用于节能措施的投资和在合同有效期内所提供服务（如保养、维护、能源管理以及设备控制）的成本。

为了避免只有经济效益高的建筑物才能得到改造，市政府在签订能源管理合同时，会将一些使用时间少，因此节能效益低的楼宇也纳入合同。对投资者来说，即使是这样的混合打包方式，他们依然有利可图——而弗莱堡市则通过这样的方法保证气候保护最终能取得积极的成果。

至今为止，四个"楼宇群"已经吸引投资 840 万欧元，每年可节约 70 万欧元。这相当于 7410 兆瓦时热能和 1330 兆瓦时电能，每年降低的二氧化碳排放量达 2530 吨。

■ *建筑标准和能源指导方针*

在弗莱堡这几乎是一个不成文的规定：如果国家制定了一项能源标准，那么弗莱堡肯定会自愿将这个标准再提高一些。市房管局自 2007 年 8 月 1 日起推出了统一的建筑和能源标准并定期予以更新。在所有市政府的新建项目、改造项目以及市政府建筑物的运行中应尽可能同时实现经济效益和环保效益，例如在保温方面，弗莱堡市的标准明显超出了法律要求的最低值；又例如在旧房改造时，那些从长远看会取得更好经济效益的被动式房屋要素被普遍使用，因为只要建筑物采用了高标准保温层，那么在之后的许多年中可以节约大量的供暖能源。此外降低能耗也是抵抗不断上涨的能源成本的最佳办法。

4.9 服务大众的能源转型：地区能源供应商巴登诺瓦

如果要在地方或地区内实施可持续的环保以及气候保护政策，那么仅仅表明姿态是远远不够的，更重要的是强有力的参与方，他们必须愿意并且有能力将具体项目、产品、服务和创新的解决办法付诸实施。能源及环境服务企业巴登诺瓦正是这样的一个参与者。这家位于弗莱堡的企业由于政府控股而属于城镇公有，弗莱堡市政府持有其近 33% 的股份。同时该公司的经济实力和每年近 8.5 亿欧元的销售额使它在很多领域成为环境和能源服务业的先锋。

■ *基础供应的再城镇（公有）化*

由 45 家来自不同城镇的公共事务局组建的地方政府联合体于 2009 年在巴登诺瓦公司的主导下回购了 Thüga 股份公司，这一行动对于全德范围内的能源供应再城镇(公有)化起了关键的推动作用。不同于那些地方性的、孤立的公共事务局，Thüga 网络拥有逾 120 家公共事务局的参股，因此在全德范围内具有很大的影响力。这次回购也为弗莱堡和巴登诺瓦公司共同追求的"服务大众的能源转型"这一现代化基础供应目标的实现创造了多姿多彩的前景。

因为基础供应在未来的范畴远远要比"仅仅"是保障能源、水和基础设施的供应广泛得多。它还将保障可持续性和生活质量。公共机构只有凭借像 Thüga 网络这样的智能化结构才能满足基础供应的新内涵。不仅在弗莱堡，在所有由城镇控股基础供应企业的城镇中，这些企业都是实现气候保护目标的重要伙伴，因为它们在可再生能源使用及能效方面起着重要的作用，巴登诺瓦公司便是此中典范。

2008 年该公司首次公布了一份生态及可持续性报告。该报告显示，巴登诺瓦公司 2008 年通过所有可再生、分散型项目以及生态电力产品共降低了二氧化碳排放量约 40 万吨，相当于 14.8 万辆汽车一年排放的二氧化碳总量。综上所述，巴登诺瓦公司是一个坚定地将能源、生态、创新和地区性紧密结合的能源供应商。

■ 巴登诺瓦促进太阳能应用

在弗莱堡，各界在太阳能应用方面的积极参与在每年私有建筑屋顶上的太阳能设备面积的增长上体现得最为明显。在巴登诺瓦的"地区电力"促进项目的共同帮助下，2008 年弗莱堡太阳能设备安装功率首次突破了 10 兆瓦。由于弗莱堡私人太阳能设备中的 70% 都通过不同方式得到了巴登诺瓦公司的补贴，总补贴额达 250 多万欧元，所以巴登诺瓦公司是这一成绩当之无愧的幕后功臣。在企业积极参与太阳能应用建设的背后是一项具有关键意义的生态战略：该战略可溯源至作为巴登诺瓦公司股份持有人的各个城镇赋予它的"地方委托"：巴登诺瓦应将"服务大众的能源转型"作为自己的目标加以实现。以下对这两个概念作进一步的解释：

这种形式的"地方委托"在德国是绝无仅有的。它是以"上莱茵河地区气候保护战略伙伴联盟"这一地方性组织为基础的，这个联盟的成员包括地区行业协会、多个县、近 90 个城镇和大量来自这个地区的协会和企业。该"战略伙伴联盟"在一份关于上莱茵河地区气候保护调查报告中制定了一张非常详尽的清单，列举了有关扩展分散的、可再生的及创新的能源解决方案的具体实施措施和可能性。巴登诺瓦公司的股东通过"地方委托"要求巴登诺瓦公司在市场上对上述措施和可能性加以实施，其具体内容包括：

2008 年弗莱堡市长迪特·萨洛蒙博士（右）和巴登诺瓦公司董事托斯滕·拉登斯雷本博士（左）共同参加了庆典：弗莱堡市屋顶上的所有太阳能设备的总安装功率突破了 10 兆瓦大关。第 10 兆瓦设备安装在艾尔赛瑟街的史泰梅尔－铎士家庭的屋顶上

"我们委托巴登诺瓦公司规划和实际开展本地区的能源转型，并且逐步在公司内部培养相应的核心能力和业务领域。

　　我们期待巴登诺瓦公司作为一家以市场经济为导向的中型企业，能在这个面向未来的领域取得经济上的成功，并成为本地区的市场领军人物及榜样。

　　我们希望，巴登诺瓦公司能在未来的能源和环境市场上起到推动性的作用，抢占市场领先地位——甚至超越地区的界限。"

　　以该地方委托为基础，巴登诺瓦公司为自己制定了"服务大众的能源转型"这一目标。"服务大众"意味着要求寻找能适应市场的、让市民承担得起的、可持续的以及长时间段的解决方案。这远远超出了传统的生态位（Öko–Nische）的范畴。这家扎根于本地区的中型企业必须全力以赴实现上述转型。因此，除了他们传统的业务领域以外，巴登诺瓦公司还将重点放在了能效、扩展热电联产和提高地区的可再生能源——尤其是生物质的利用上。

照片来源：巴登诺瓦公司

照片来源：巴登诺瓦公司

■ 将来自当地的可再生能源用于当地

　　巴登诺瓦至今已经在上莱茵河地区建立了三个工业生产生物天然气的基地，还有两个正在规划中。从而公司在将当地生产的可再生能源以一个具有竞争力的价格销售给私人家庭用户方面已经迈出了重要的第一步。

　　巴登诺瓦的个人客户从 2008 年起便能够使用保证不含核能的能源组合。巴登诺瓦还为自己定下了一个十分远大的目标，要在不远的将来成为德国少数完全使用高效的热电联产设备和可再生能源发电的中大型能源企业之一。为了实现这个目标，巴登诺瓦公司将根据本地区的电力销售情况，在多处建造大量的分散型热电联产电站。至 2015 年将保证让所有的工商业客户也能用到不含核能的电力。

　　将其全部战略针对新的能源市场、气候市场及环境市场的产生，然后对其经营方式作出相应调整，只有这样的企业才能做到弗莱堡市和其他城镇持股人向巴登诺瓦公司要求的"服务大众的能源转型"。巴登诺瓦做到了这一点。成功的背后是其坚定的信念和经验，即深信只有在相应的市场承受力和产品形成后，能源转型才能真正涉及所有人。只有到达了这样的层面，生态能源的未来才不再仅是一个理念，而是真正成为企业的前景。唤起市场的力量是问题的关键。巴登诺瓦公司正在为此努力。

5 弗莱堡的垃圾处理

5.1 弗莱堡的生态垃圾经济

在"绿色之都"里当然也有垃圾。但在今天，垃圾这个概念早就没有以前这么简单了。如今，我们首先把那些我们不再需要而丢弃的物品通称为废弃物。其中很大一部分都能再利用或回收。只有那部分无法回收的废弃物，我们才称之为其他杂项垃圾。而这又让我们将话题转回到弗莱堡。为了使本市的剩余垃圾量能不断减少，我们在好几年前就制定了一个令人印象深刻的生态垃圾经济方案。

但是实施这个方案并没有想象中那么容易：现代垃圾经济面临着不断的变迁。欧洲层面和国家层面的法律法规、新的技术以及对生态回收和垃圾处理越来越高的要求，这一切都使得相关城镇所面临的挑战日益艰巨。城镇垃圾经济方案除了应从生态角度考虑，还必须兼顾经济性：毕竟我们应该为市民长期提供他们能够支付得起的现代化垃圾经济服务。

弗莱堡市从 20 世纪 80 年代起就已经着手发展生态垃圾经济，时至今日已经拥有一个分类明确、便于市民执行的垃圾分类体系。弗莱堡制定的垃圾经济方案追随一个非常明确的目标：避免优先于回收，回收优先于处置。

小学生的多功能便当盒

■ *最高目标是垃圾避免*

没有废弃物，那么自然就不需要处理：弗莱堡很早就制定一个全方位避免废弃物产生的方案，几年来持续下降了的剩余垃圾量已经证明了这个方案的有效性。

弗莱堡市力图通过这个方案促进市民的可持续的消费行为，我们将一如既往地积极寻找减少或避免废弃物产生的解决办法。因此，弗莱堡垃圾经济和城市清洁有限公司非常注重公共宣传工作，力图通过这些宣传工作向市民更好地传达和解释有关垃圾经济的各项法规、措施及其背景。每年的废弃物清理日历、互联网上的信息、宣传手册、新闻发布会和突出重点的教育活动都有助于培养市民的垃圾和环境意识。

为了培养市民在垃圾问题上富有责任心的态度，很重要的一环是针对儿童和青少年的教育工作。在过去几年中弗莱堡垃圾经济和城市清洁公司受市政府委托实施了许多意义非同寻常的垃圾教育措施，并取得了很大的成功，例如"儿童和 21 世纪计划"项目，这是针对弗莱堡的小学开展的一项竞赛，借此可使学生行为更具环境意识，并训练他们的社会互动能力。

■ *日益重要——废弃物回收*

资源保护是弗莱堡垃圾经济方案的最高宗旨：不可避免的废弃物将在分类收集后，被按照符合生态的方式合理地加以回收利用。随着废弃物收集技术，尤其是分类和回收技术的进步，废弃物回收的意义在弗莱堡变得越来越重要。今天包括生物垃圾、植物修剪废料、玻璃、纸、包装材料、金属及废旧电器、旧木材、甚至木质的瓶塞在内的废弃物都能被收集然后被回收利用，从而再次回到经济循环中。

以下数据展现了这项措施所取得的成功：从 1992 年到 2009 年弗莱堡能够回收的废弃物总量从 1.7 万吨上升到了约 6 万吨。同一时期的生活垃圾、大件废弃物和分类剩余垃圾的总量从 5.2 万吨下降到了 2.75 万吨，这也就意味着，通过弗莱堡市民在垃圾分类方面的积极参与和先进技术的应用，所产生废弃物中的约69%现了再回收利用。

■ *1992 年至 2009 年的回收率（弗莱堡私人家庭）*

2009 年弗莱堡市民平均每人只产生了 124 公斤的生活垃圾和大件废弃物。2008 年全德国的人均垃圾产生量则为 143 公斤。

■ *当今的垃圾焚烧既环保又高效*

由于联邦法律自 2005 年起禁止填埋未经预处理的垃圾，因此从 2004 年 11 月起，弗莱堡市尚未掩埋的生活及商业垃圾都在布莱斯郜剩余垃圾处理及能源生产厂（以下简称特雷亚公司，TREA Breisgau）进行焚烧。焚烧后产生的炉渣主要用于覆盖弗莱堡市艾希尔布克垃圾填埋场，该填埋场已于 2005 年 5 月停止使用。特雷亚公司是弗莱堡市与周围城镇紧密合作的产物，其设立目的在于长期保证垃圾处理的生态意义、经济可行性和地区性。

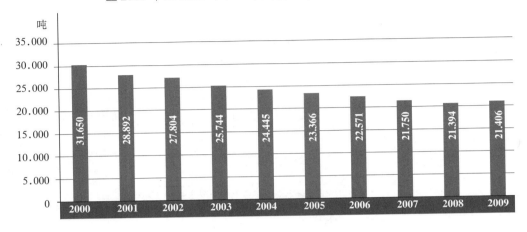

■ *2000 年至 2009 年私人家庭其他杂项垃圾量（Restmüll）*

吨		

（柱状图数据：2000年 31.650、2001年 28.892、2002年 27.804、2003年 25.744、2004年 24.445、2005年 23.366、2006年 22.571、2007年 21.750、2008年 21.394、2009年 21.406）

特雷亚公司的垃圾焚烧技术符合当今最先进的环保标准，是安全性、经济性、环境可负担性与现代技术的完美结合。四级烟气净化保证了排放烟气能够遵守法律规定的限值。目前设备排放的烟气中有害物质的含量仅为法令规定限值的一半。弗莱堡市及周边地区的 130 万居民所产生的废旧物品为该处理厂提供垃圾焚烧的"原料"。特雷亚公司每年能对 15 万吨生活及商业垃圾进行焚烧。弗莱堡市已经与该公司预定了每年 2.9 万吨至 5.2 万吨的处理额度，并且至 2030 年保持目前商定的价格，从而使特雷亚公司成为处理弗莱堡市垃圾的强有力的后盾。

5.2 废弃物：属于未来的原材料

能源价格不断上涨、自然资源面临着枯竭的威胁，这些认知促使许多公众的意识发生了转变：垃圾不再被看做"需要丢弃的废物"，而是被视为越来越重要的能源载体和次级原料。垃圾不仅作为材料被回收利用，也越来越多地被作为能源使用，比如通过先进的垃圾焚烧设备或生态垃圾发酵设备。以此不仅能降低对进口原材料的依赖，同时也能减少二氧化碳排放，从而为弗莱堡气候保护，即为实现气候政策的目标作出积极的贡献。

在弗莱堡我们也竭尽所能开发废弃物的能源潜力。其他杂项垃圾焚烧时所产生的热能被用于发电。目前以此方式输入公用电网的电量足够供 25000 户居民使用。为了提高特雷亚公司的利用率，目前正积极吸引更多企业落户布莱斯郚工业园区，以便更好地利用该公司产生的余热。

艾尔西布克垃圾填埋场俯视图

生物垃圾发酵后产生的生物气同样可以用于发电。弗莱堡在 10 年前就开始分离收集生物垃圾并在一个发酵设备中将其加工成堆肥。生物垃圾的能源利用目前主要以热电联产形式实现，可为 3000 户居民供电。

原艾希尔布克垃圾填埋场的填埋气被用于弗莱堡朗特瓦瑟城区的电力和暖气供应，此外还为一座菜肴残渣处理设备供应热能。自填埋场于 2005 年 5 月 31 日被关闭及 2008 年覆盖封闭工作启动后，所产生的填埋气量大大减少了。为了继续保障朗特瓦瑟城区今

填埋场覆盖封闭工作

后的电能和热能供应，将把填埋气与用 Remondis BKF 有限公司的生物垃圾发酵设备所生产的生物气混合后进行精制，以此提高气体的热值，保证朗特瓦瑟热电联产发电厂生产的电能足够供应 4900 户居民，生产的热能足够供应 1200 户居民。

作为原料和能源载体，废弃物的重要性日益增长，而弗莱堡的垃圾经济业已经对这一趋势做了充分准备。垃圾经济无疑是可持续城市发展的重要组成部分，并且可为资源保护和气候保护作出直接的贡献。

6 未来的市场是绿色的：环境经济和环境研究

6.1 可持续性、对未来的适应性和生活质量：高质量经济增长的三大动力

"未来的市场是绿色的"是罗马俱乐部的预言，因为创新的环保产品、环保技术和环保服务的市场活力无限。环境保护和气候保护是创造工作岗位的发动机。2008 年联合国环境规划署发表的名为《全球可再生能源投资趋势》的调查报告指出，全球在可再生能源领域的投资高达 940 亿欧元，与 2006 年相比增长了 60%。2020 年德国环保技术领域的就业岗位数量将超出汽车行业。

■ *弗莱堡的环境及太阳能经济*

充满开创性和内在力量的弗莱堡今天能成为德国最具活力的大城市之一，绝不是一个偶然。弗莱堡很早就开始着手创建一个面向未来的"科学之城"，比如扩大弗莱堡阿尔伯特－路德维希大学在自然科学和应用科学领域的规模便是其中一项重要举措，又比如大力吸引与工业界保持密切联系的研究机构，如弗劳恩霍夫太阳能系统研究所，以及其他很多以技术为导向的企业落户弗莱堡。这种以未来为导向的增强本地吸引力的政策成果显著：2009 年弗莱堡是巴登·符腾堡州必须缴纳社保的工作岗位数量和人口数量增长最快的城市。

FWTM（弗莱堡经济旅游会展促进署）负责弗莱堡市的经营和营销

有机颜料太阳能模块，由弗劳恩霍夫太阳能系统研究所使用丝网印刷工艺制作，并采用玻璃焊接技术使之密封。照片来源：弗劳恩霍夫太阳能系统研究所

位于西班牙 Puertollano 的 500 千瓦聚光光伏设备发电

通过对创新的、具有增长潜力的行业，如太阳能和环境技术领域的支持，弗莱堡市成功地吸引了很多投资并创造了大量就业岗位。弗莱堡"绿色之都"的称号意味着可持续、活力和对未来的适应性，而生态和经济导向并不互相矛盾，反而是弗莱堡作为行业立足地发展的保障。《资本 (Capital)》杂志在一篇 2009 年公布的调查报告中指出只有注重科研和构建国际网络的城市才会拥有良好的经济前景。在此次排名中弗莱堡名列第五。该调查表明，科学知识正日益成为重要的经济要素并积极推动着未来技术和经济的增长。

■ *作为先导型和经济增长型行业环境和太阳能经济*

环境和太阳能经济在弗莱堡是重要的先导型和经济增长型行业，由于它明显的跨行业特性使它在区域经济结构发展中起着关键的作用。包括弗莱堡市、布莱斯郜－上黑森林县及埃门丁根县在内的弗莱堡地区在环境和太阳能经济方面拥有一个别具特色、个性鲜明、高度创新的经济增长型集群。这个行业：

矩阵传送单元
照片来源：Smont 有限公司

- 包括本地区大约 2000 家企业
- 每年经济效益达 6.5 亿欧元
- 为 1.2 万人提供就业岗位——相当于本地区就业人口的 3%
- 并为本地区作为企业立足地树立了良好的形象

　　弗莱堡地区的环境和太阳能经济为地区内各种大中小型企业以及独立的自由职业者创造了非常好的市场机会和前景，特别是相关就业岗位几乎遍布所有的经济领域。

　　环境和太阳能经济的行业形象主要通过那些出众的单个企业、特别的技能领域以及在发展和应用环境经济和环境技术领域的创新过程中的先锋角色得以体现。尤其是研发领域被誉为推动这个行业发展的发动机。私营及国有的科研中心是该行业结晶体的核心，在弗莱堡围绕着这些核心周围形成了一个由生产、服务及手工业企业以及建筑师、工程师事务所、咨询中心、代理处及行业协会组成的密集网络。

■ *"绿色之都" 增长型集群：经济促进的目标和措施*

Regional Cluster
FREIBURG
GREEN*CITY*

作为先导型和经济增长型行业环境和太阳能经济

弗莱堡市经济－旅游－会展促进署从 20 世纪 90 年代初起便将环境和太阳能经济作为经济促进的战略行动领域，并且一直观察和伴随了这个行业的飞速发展。时至今日，可

太阳能信息中心 照片来源：Albert Josef Schmidt

持续的企业立足地发展经验以及"弗莱堡制造"的创新环境技术在全球市场上已经成为出口热门商品。在开发国内及国际市场潜力时，尤其是制造业、手工业、贸易和服务业领域的中小型企业离不开一个积极的网络和专业的集群管理的支持。通过在弗莱堡市经济－旅游－会展促进署设立专门的绿色集群管理处，可以保障弗莱堡乃至巴登·符腾堡州在立足地竞争日益激烈的今天还能保持其拥有的行业龙头地位。原有的专业技能网络应该围绕着太阳能领域的科学、工业核心发展成为一个创新增长型集群，即"绿色之都——弗莱堡地区环境和太阳能经济"。该集群将是所有本地区行业参与者的核心发展战略及共同任务。

6.2　展览、会议、活动：从弗莱堡走向全世界

弗莱堡展览中心屋顶上的光伏设备　照片来源：太阳能工厂股份公司，弗莱堡

上图：弗莱堡太阳能峰会
中图：建筑—能源—技术展
下图：地方政府可持续发展大会

■ *行业聚点*

弗莱堡已经成为国内和国际环境及太阳能行业的聚集地。弗莱堡经济－旅游－会展促进署组织并资助大量以能源和可持续性发展为主题的展览和会议。促进署自 2008 年起与慕尼黑会展公司及弗劳恩霍夫太阳能系统研究院共同举办的弗莱堡太阳能峰会每年吸引众多来自科学界、经济界和政治界的顶级专家汇聚这座美丽的"黑森林之都"。另外，六年前首次举办、每年一次的国际地热会议是德国境内首屈一指的以深度地热为主题的专业会议。"建筑——能源——技术展（GET）"则是一个为私人业主及企业开发商提供关于建筑节能领域创新方案的专业展览。

在"地方政府可持续发展大会"上与会者主要介绍和讨论全球城市能源转型政策实施战略。此外，"可再生能源教育会议"于 2009 年首次在弗莱堡举办，这是一个针对教育专家的讨论平台，目标是在联邦范围内将可再生能源纳入教学计划及教材中。

"国际太阳能技术博览会"在慕尼黑、旧金山和孟买的成功故事

"Intersolar 国际太阳能技术博览会"是全球最大的太阳能技术专业博览会。它主要面向光伏、太阳热能及太阳能建筑领域，自 2000 年在弗莱堡展览中心首次举办以来受到了全球生产商、零部件供应商、批发商及服务型企业的一致认同，成为享誉国际的行业顶级博览会。在成功举办了八届展会之后，由于展馆面积无法满足迅速增长的展会发展需要，"Intersolar 国际太阳能技术博览会"不得不告别弗莱堡，搬到了慕尼黑展览中心的巨大新场馆中，而且还越过了大西洋，"跳"到了位于旧金山的莫斯科展览中心举

办北美分展。在落户慕尼黑仅仅两年后，该博览会的展出面积便增加至 10.4 万平方米，增长了逾三倍。2009 年慕尼黑博览会闭幕时创下了总参观人数 6 万的记录。北美国际太阳能技术博览会在仅仅举办两年之后，便在 2009 年吸引了 1.6 万名观众，展览面积超过 2.5 万平方米。目前"国际太阳能技术博览会"正在积极地筹办印度和中国分展。

2010 上海世博会

自 2010 年 5 月 1 日上海世博会开幕后的 186 天里，弗莱堡和全世界 250 个国家及国际机构、55 个城市，其中包括像首尔、巴黎、马德里、温哥华及香港这样的国际大都市，一起成为了世界关注的焦点。这届世博会史无前例地允许单个城市脱离国家馆，单独在"UBPA——城市最佳实践区"展出符合"城市，让生活更美好"这一主题的项目。弗莱堡市是德国巴登·符腾堡州唯一一个在 2010 上海世博会上受邀参展的城市。这次参展不仅对于弗莱堡市而且对于整个地区而言都具有非同寻常的意义，我们可以借此机会向数以千万计的访客和国际媒体展示这个富有创新产品和理念的经济驻地。

可持续城市发展、高能效建筑、科研等主题以及它们对弗莱堡和整个地区的经济政治意义是这次世博会展示的焦点。

照片来源：弗莱堡经济－旅游－会展促进署

7　体验可持续性：全世界作客弗莱堡

弗莱堡走的是一条高效、创新、经济成功、生态模范型以及注重社会公平的可持续性的道路。在其发展过程中，可持续性与经济活力、对于传统和未来的适应性、科学的领先地位、生活质量和生活艺术等元素都集中于一个共同的目标之下。弗莱堡作为"绿色之都"已经在德国乃至欧洲范围内成为一个成功的模式，其中很重要的原因在于弗莱堡地区的居民对本地区经济、政治和市政建设方面发展的高度认同，而这种认同来自于市民们对城市治理方面的高度参与。来自国内外越来越多的关注也从另一个侧面忠实地反映了弗莱堡所奉行的可持续城市发展政策的重要性及其珍贵的价值。

7.1　专业旅游

专业旅游在过去几年中呈现出不断增加的趋势。在 2009 年有近 2.5 万专业人士前往弗莱堡参观、考察和培训，其中不仅包括中小学生及大学生团体、城市规划师、建筑公司、能源服务企业，甚至还包括高规格的国际政界代表及考察团。这些专业游客往往不远万里，专程到此亲自体验弗莱堡模式。

■ *绿色之都弗莱堡的访客管理*

弗莱堡在环境保护方面的积极参与每年都吸引着越来越多的国内外代表团来此参观取经。市政府委托弗莱堡经济 – 旅游 – 会展促进署中国事务部专门负责安排来自中国的各类专业访客团体。

专业访客可以通过该部门获得关于弗莱堡市可持续发展方案的信息，该部门办同时也通过与外部服务企业的合作为专业访客团体组织对口的参观活动。此外，该部门还着力于为公司和企业建立联系，为其创造交流经验的机会，并希望在此基础上实现经济合作。

7.2 通过国际交流互相学习

■ *国际合作、网络和伙伴城市*

为了与外界建立持续的经验交流，弗莱堡参加了多个组织。其中一个非常重要的组织当属国际地方政府环境行动理事会（ICLEI），其欧洲秘书处便设在弗莱堡。

照片来源：弗莱堡市经济－旅游－会展促进署

弗莱堡市也是欧洲城市网络"能源城市（Energie-Cités）"的成员之一，这个网络主要将积极的、资源节约型的能源政策作为自己的目标。

此外，弗莱堡也是气候联盟（Klima-Bündnis）中的一员，这是一个由 1500 个欧洲城镇组成的，以保护全球气候为共同目标的联盟，为保护热带雨林，该联盟和亚马逊盆地的原住民建立了合作伙伴关系。在实践中该联盟通过制定和实施气候战略来实现所设定的目标，该战略主要涉及能源和交通领域。此外，联盟还积极运用公共宣传工具鼓励大众保护热带雨林，放弃使用盗伐的热带木材。

弗莱堡也签署了市长协定，承诺在本地执行欧盟规定的气候保护目标。

弗莱堡共有九个伙伴城市，分别来自欧洲、美国和亚洲。此外，弗莱堡还和若干城市，如首尔和特拉维夫在环境领域建立了合作关系。通过开始阶段双方团体、协会、教堂、学校、单个城区之间进行的大量交流以及政治层面的会晤可以明显看出，以能源和可再生能源为重点的环境主题正日益受到重视，大家都希望通过合作制定共同的目标并找寻一致的解决方案。

至今为止，在环境领域当属与意大利帕多瓦、法国贝尚松及伊朗伊斯法罕这三个城市的合作最为成功。帕多瓦以弗莱堡为榜样，也建立了一座太阳能信息中心，为公众提供可再生能源方面的信息，帕多瓦手工业协会和弗莱堡手工业协会签订了合作协议，以促进双方在专业手工业层面上的

照片来源：弗莱堡市经济－旅游－会展促进署

交流。在经济合作方面，来自帕多瓦和弗莱堡的企业共同成功组建了一家合资企业。弗莱堡市在 2009 年 9 月与贝尚松市签署了一份关于合作伙伴协议的补充约定，约定在可持续能源政策领域加强合作。弗莱堡和贝尚松还轮流举办关于能源政策的研讨会。弗莱堡和伊斯法罕市的合作则主要体现在研究和教学领域。弗莱堡大学可再生能源中心协助伊斯法罕大学设立了可再生能源专业。

■ *良好的国际声望*

由于弗莱堡在可持续环境政策方面取得了卓越的成就，因此在国际上享有很高的声望。许多国际城市或组织都向弗莱堡表达了合作意愿，这无疑是弗莱堡国际声望的最佳体现。弗莱堡与韩国的首尔、平泽及顺天签订了协议，约定了在可持续环境政策和城市规划领域的合作。同时弗莱堡还和韩国的多功能城市建设管理局建立了联系，该局负责位于首尔南部100 公里处的新城市世宗的规划和实施（50 万人口）。弗莱堡还和该局签署了一份协议，通过该协议弗莱堡的众多企业将有机会获得当地的委托。

弗莱堡与德国技术合作公司(GTZ)共同和波德戈里察、萨拉热窝、斯科普里及札格拉布建立了城市网络，以促进可再生能源领域的持续交流，同时还通过共同举办的研讨会制定目标并寻求解决方案。

II 自然作为城市的资本

1 林业经济

城区森林——功能、价值和休闲空间

其他城市拥有的可能只是一个公园，而弗莱堡则直接为市民提供了一整片位于城区的森林。茂盛的绿意从市中心延伸到林边的最后一幢住宅楼，从莱茵平原一直延伸到海拔 1284 米的绍因斯兰山，而这座山一直也被当地人看做弗莱堡的"市山"。君特斯塔尔、维厄、丽腾瓦勒和卡珀尔这些城区都紧挨着森林茂密的黑森林山坡。史列尔伯格山、劳雷托伯格山和布罗姆伯格考弗山山势狭长、植被密布，作为黑森林山脉的外围山麓直插入弗莱堡市区。城区森林因此成为了弗莱堡的"绿肺"和"绿色心脏"，每年吸引着约 400 万游客，是弗莱堡最重要的近郊休闲场所。弗莱堡有 6400 公顷的面积都被森林所覆盖，大约占城区总面积的 42%。尽管这片森林的一部分为私人所有，但是弗莱堡市政府自身也拥有 5139 公顷森林，从而属于德国拥有森林面积最大的城镇之一。

照片：Berthold Vath

由于弗莱堡的地理位置得天独厚，这里的城区森林拥有两种不同的森林生态系统。一类是位于市区东部的黑森林山麓上多为针叶林的混合森林，即山地森林；而另一类则是分布于平原地区的所谓苔藓森林，其中一部分还是保持自然原貌的、富有落叶乔木的河畔森林。

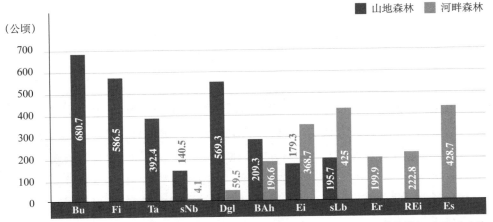

■ 弗莱堡城区森林中的树种比例

山地森林　河畔森林

（公顷）

	山地森林	河畔森林
Bu	680.7	
Fi	586.5	
Ta	392.4	
sNb	140.5	4.1
Dgl	569.3	59.5
BAh	209.3	196.6
Ei	179.3	368.7
sLb	195.7	425
Er	199.9	
REi	222.8	
Es		428.7

Bu（山毛榉），Fi（云杉），Ta（冷杉），sNb（其他针叶树），Dgl（花旗松），BAh（山地槭木），Ei（橡树），sLb（其他落叶树），Er（赤杨），REi（红橡树），Es（白蜡树）

城区森林位于黑森林山麓，充满自然气息，基础设施便捷，为弗莱堡旅游增添了无限魅力。目前城区森林 90% 的面积都被列为景观保护区，49% 被列为"自然 2000"区域，15% 则被列为生境加以保护。一个由森林小道、徒步旅行路径以及运动、体验和森林教育小径组成的 450 公里长的网络贯穿整片城区森林，数以万计的树木之间有大量供租用的小木屋，还有许多游乐场所、观景塔、湖滨浴场、城区森和植物园等景点。

■ 休闲和森林生境两不误

无论在山地森林，还是在河畔森林中都存在许多值得保留和保护的生存空间，适合那些稀有的、对外界干扰十分敏感的动植物栖息。但与此同时，这些森林又是数以万计的市民每天用于休闲与锻炼的理想场所。这自然会带来一系列森林使用上的冲突，其中休闲活动与物种保护的冲突尤为突出。因此弗莱堡林业局多年以来一直致力于引导游客在保护自然的基础上对森林进行休闲目的的使用，并且取得了巨大的成功。这些措施包括有针对性地将游客吸引到特定的道路上，使他们既能欣赏到优美的自然风景，又不会破坏自然，此外林业局还针对不同游客群体的需求在某些区域提供了专门项目，而在这些区域自然保护往往并不具有优先地位，具体的例子有：为山地车爱好者开辟了专门的山地车道，但同时禁止他们在自然保护区狭窄的小道上骑行；虽然徒步旅行者不得随意穿越绍因斯兰山区域受保护的席草地，但是城区森林里纵横交错的、难度各异的徒步旅行专用道路同样能够满足他们需求。

弗莱堡苔藓森林是上莱茵河地区仅存的大片相连的河畔森林的组成部分，因此已被划入"自然2000"欧洲保护区域网络。该网络同时也包括弗莱堡山地森林中的一部分。这些林地中的经营活动完全以自然保护为宗

照片来源：弗莱堡市林业局

照片来源：Berthold Vath

旨，目的在于让我们的后代也能享有这样的自然遗产。在部分区域甚至还故意停止了所有经营活动，以便在那儿能逐渐发展出较高的物种和结构多样性。

弗莱堡市民视这片城区森林为不可割舍的珍宝：历史上，市政府曾经在财政紧张时考虑将部分林地私有化，但是立即引发了民愤。但事实上，即使从经济角度看，将这块绿色宝藏贱卖也会是一笔亏本的买卖：无论如何，每年 3.25 万立方米的木材销售量可以换来约 200 万欧元的收入。维护和持续发展森林生态系统的前提是生态和经济两方面经营的齐头并进。如果使用产自城区森林的木材建造幼儿园或多户公寓楼，那么不仅可以节约资源和开支，同时也可为本地创造很多就业岗位。

照片来源：弗莱堡市林业局

■ 可持续性始于森林

今天被广泛使用的"可持续性"这一概念最初来自于林业，这并非偶然。森林不仅是动植物的生存空间，也是人类休闲度假的场所；它为我们提供可再生的木材原料，还能储存地下水，因此对气候保护而言不可或缺。通过森林经营可以保证维持这一资源的现有质量，甚至还能加以改善——这就是可持续性的意义。

以此不难推导出弗莱堡林业局的任务是什么：除了生产和销售木材、管理狩猎或参与城市规划及建筑法程序之外，环境政策及环境教育方面的任务也越来越得以重视。林业局负责管理蒙德霍夫动物园，对私人和公共的自然及环境教育机构提供支持，同时还组织许多包括森林教育活动在内的有关林业的专业导览和远足；仅在 2005 年就有大量来自欧洲乃至全世界的生态游客和专业访客参加了林业局组织的森林生境参观活动。弗莱堡森林科研试验站（FVA）和弗莱堡大学的森林与环境科学系在森林和气候生态问题方面享誉全球。综上所述，弗莱堡无疑可被称为世界级的"林业推广中心"。

■ *森林对气候保护的意义非凡*

全球森林对于降低二氧化碳的重要性仅次于海洋，因此可持续的森林经营对于气候保护也有着重要的意义！可持续的林业能吸附并存储二氧化碳，并且具有提高储碳的巨大潜力。要达到这个目标，当然要保持尽可能高的林地面积和总量。此外，如果在购买木材时首选当地木材，那么符合自然保护宗旨的、可持续经营的森林能为二氧化碳储存作出更多贡献，因为使用木制品对二氧化碳减排的作用非常之大。

弗莱堡市立林场是按照国际森林管理理事会（FSC）德国标准认证的林场。我们的林场经营方式严格遵守可持续性规定并由独立的第三方监控。德国"生态测试"独立评估机构对国际森林管理理事会（FSC）德国标准的评价为"特优"。

因此，弗莱堡致力于在地区、国内以及国际层面上促进整体可持续的森林经营：市立林场是巴登·符腾堡州第一家按照国际森林管理理事会（FSC）德国标准获得认证的林场，自1999年起该林场出售的木材都带有该生态标签。因此在经营城区森林时必须遵循很高的标准，比如必须放弃滥砍滥伐、放弃使用除草剂和除虫剂。某些特定类型的森林使用方式也因此在弗莱堡成为禁忌。同时为了防止森林地表的密结，林区内应尽量避免大面积的机动车行驶，毕竟这片土地是经过数千年缓慢形成的。

弗莱堡森林之屋

■ *弗莱堡森林协定*

与以往的做法不同，当今弗莱堡市议会在制定森林经营的目标和形式之前往往先会和行会、协会及其他利益方开展深入的对话和讨论。2001 年"弗莱堡森林协定"便是通过这样的一个民主过程产生的，而在德国城镇层面上，此类协定的制定程序还属首次。在此协定中，弗莱堡市公开承诺：作为森林所有权人，弗莱堡市将以承担生态、经济和社会责任为纲领，实现整体可持续的森林经济。该协定内容在 2010 年初进行了更新。

■ *弗莱堡森林之屋*

2008 年 10 月投入使用的森林教育机构——弗莱堡"森林之屋"是一个全新的、具有创新性的教育、实践和信息中心，以森林和可持续性为主题。该中心由同名的基金会主持，由林业局立项并实施，目的是通过深入介绍森林这一生态系统对人类社会的多样性功能拉近所有兴趣人群与森林的距离，并鼓励更多人富有责任心地使用木材这一可再生的、气候友好型的原料和能源载体。

2 在最小的空间内实现生物多样性：弗莱堡的生态和自然保护

　　众所周知弗莱堡是座小规格的大城市，意思大约是：这座城市好比一只麻雀，麻雀虽小，但是五脏俱全，一个充满活力的大城市应具备的所有特征在弗莱堡都能找到。很有意思的是，这一理论同样也适用于弗莱堡的自然环境：尽管弗莱堡市占地面积仅153平方公里，但是却拥有惊人的生物多样性。市区分别与四个自然空间相连，即"马克格拉芙的莱茵平原"、"弗莱堡湾"、"中部黑森林山谷"及"上黑森林"，这就意味着在弗莱堡市区介于200米至近1300米之间不同的海拔高度内具有丰富多样的自然立足地和生境条件，从内陆到高山的物种均可在此找到。

■ *2009年弗莱堡市土地面积中保护区面积比例分布图*

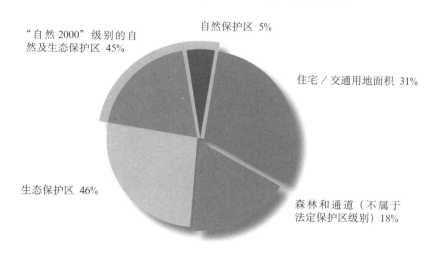

"自然2000"级别的自然及生态保护区 45%

自然保护区 5%

住宅／交通用地面积 31%

生态保护区 46%

森林和通道（不属于法定保护区级别）18%

2.1 绍因斯兰山：既是自然保护区又是深受欢迎的休闲胜地

　　绍因斯兰山，弗莱堡的"市山"，高1284米，是最高的黑森林山峰之一。那些外貌奇特的西风山毛榉和牧场山毛榉无疑是绍因斯兰的标志。牧场山毛榉是山上自几百年来的畜牧经济发展的见证人，没有畜牧经济就没有今天这些弯曲的老树。绍因斯兰敞开式的山坡上刮来的强劲西风和牧场上牲畜的啃咬，在这两者共同作用下造就了这些奇特的山毛榉，它们无疑是弗莱堡耕作景观的重要元素。但由于山坡的斜度太大，在上面畜牧十分困难，而且经济效益也不高，所以越来越少的农民有能力在如此特殊的自然条件下继续经营牧场，导致这些山毛榉在今天也成为濒危品种。

尽管如此，今天的绍因斯兰山区依然可展现其拥有丰富物种的一面，120种以上的濒危动植物种类在此栖息。这个山区的另一个在植被方面的特色在于拥有着德国已经非常罕见的高山席草地，这种席草地一般只有在那种贴近自然、不使用化肥的牧场上才能看到。尽管这种草地比较贫瘠，含有的养分极少，但是其间却生长着很多罕见和濒危的植物种类。这些草地属于在绍因斯兰山地区受到消失威胁最严重的自然生存空间之一。此外一些罕见的高山植物种类也可在此找到，如瑞士蒲公英或阿尔卑斯蓝苣苦菜，后者原本属于一种亚阿尔卑斯地区的植物种类。

绍因斯兰山区的动物世界也非常值得关注。野翁鸟和环颈鸫尚属常见，而三趾啄木鸟或松鸡却越来越少了。针对这种情况，弗莱堡市正力图通过有针对性的生境管理吸引数量更多的松鸡长久落户在绍因斯兰山区。对于欧洲最大的猫科品种——山猫而言，所面临的情况与后者相似。而相对较为常见的是那些于 20 世纪 30 年代放养于此的阿尔卑斯岩羚羊。

■ 丰富的自然宝藏和热门的出游胜地

鉴于这里丰富的物种和景观的多样性，绍因斯兰早在 1939 年便被列为景观保护区，于 2002 年被列为自然保护区，紧接着又不带任何悬念地被纳入"自然 2000"欧洲保护网络。另一方面绍因斯兰又是本地区最受欢迎的出游目的地之一，这不仅应归功于绍因斯兰的自然特色，还因为这里有许多独具魅力的旅游景点。通向绍因斯兰的道路很多：除了那些狭窄的山间小道、稍宽的林业用道外，还有路面更宽、急弯众多的绍因斯兰公路。这些不同的道路虽然蜿蜒陡峭，但却各具魅力。当然，登上山顶最优雅的方式还得从山谷霍尔本缆车站开始。绍因斯兰缆车于 1930 年开始运行，是德国距离最长的厢式循环缆车，每年运送 20 万以上的游客登上山顶，饱览美丽风光。到达山顶后，游客还可以乘坐新增设的班车从霍夫斯格龙德前往"施泰恩华森"休闲乐园游玩。这路班车和绍因斯兰缆车一样，均由"绍因斯兰山地世界"经营。这个"品牌"创立于 2001 年，其目的在于将弗莱堡"市山"上的旅游景点更好地联网。

"山地体验世界"不仅拥有一个配备专门的雪橇缆车的山坡供游客滑雪，还开辟了高山速降轮滑道、越野滑雪赛道、山地车道和徒步旅行线路。同时绍因斯兰也有很多艺术、文化和历史景点，比如游客可以在导游的带

照片：交通股份公司

领下参观老矿井，它无疑是绍因斯兰采矿业的最佳见证，其历史可以追溯到中世纪，曾经经历过开采银矿的辉煌时期，20世纪50年代被作为锌矿矿井正式关闭。

■ 集自然保护和休闲胜地于一体

由于每年有超过50万的游客来到绍因斯兰游览，因此游览与自然保护在此产生冲突是不足为奇的：例如在观光塔附近，地面的侵蚀损坏极为严重，部分地区甚至露出了光秃秃的岩石；即使那些受到保护的席草地也曾在过去遭到了严重破坏，其自然还原过程由于受到长期的外部干扰以及山地极端气候的影响进展非常缓慢。此外，还有很多破坏是由农业、狩猎活动和林业造成的。

出于上述原因，在自然保护区绍因斯兰有许多硬性规定，使自然保护和休闲旅游能够互不干扰，共同发展，其中包括：无论骑车还是步行，都不得离开带有标识的专门路线；在自然保护区的大多数山崖上禁止攀爬，禁止狗自由奔跑，禁止采摘植物。针对山顶地区的高负荷使用，弗莱堡市政府除了采取严格的限制性措施外，还通过公告牌和自然保护观察哨为山顶游客提供信息，并为其开设具有吸引力的旅游路线，引导游客们在自觉保护自然的基础上充分享受此处的美景。在农林业方面，2008年制定的"区域维护和发展计划"针对绍因斯兰山区内被划为"自然2000"保护区的部分提供了指导性框架，以保证更好地维护动植物的现状。

2.2 图尼山：葡萄种植的绿洲、地中海式的生产空间

与东部海拔较高的山区相比，位于城市西部边缘弗莱堡湾的图尼山的气候与地理条件完全不同：它是整个德国最温暖、日照时间最多的区域，也是德国最著名的皮诺葡萄酒产地。这个地区的葡萄种植历史可以追溯到罗马时代。图尼山与其说是山，不如说是一个小丘：它比莱茵平原只高出120米，但是被黄土覆盖的图尼山依然拥有得天独厚的优势，即这里地中海式的生存空间：不少地方干燥温暖、草地贫瘠、山岩裸露，而且这里的生存空间结构也十分丰富，山隘与石砌墙随处可见。

直至20世纪90年代初，这里的葡萄种植高度依靠合理化、技术化的管理方式，采用化学植物保护剂，因此对自然造成了巨大的破坏。

■ *以新的方式对待自然资源*

从几年前开始，对待图尼山的自然资源的方式发生了彻底的转变，其中一个重要的原因在于人们逐渐意识到了，掠夺式的开发总有一天将把这

照片来源：Roland Klink

一产业带进一条不仅是生态上的，而且也是经济上的死胡同。在环保局的支持下，图尼山的葡萄园主开始采用环境友好型的葡萄种植方式。这一在初期只是和葡萄园主间进行的合作，最后发展成为了一个全面的生境网络规划，而且这一规划至今已逐步得到了实施。自 20 世纪 90 年代中期开始，弗莱堡园林路政局还实施了一系列单项措施，例如岸坡维护措施及石砌墙修缮措施，取得了显著的成果：最新的评估显示，受到严格保护的物种数量得到了稳定，例如西方绿蜥蜴、壁虎、滑蛇和那些受到特别保护的鸟类，如野翁鸟和红背伯劳，以及大量被列入保护清单的昆虫种类，如蝴蝶和蜜蜂等。

为了更好地向图尼山葡萄种植园的游客介绍在这里栖息的罕见动植物种类，环保局计划与弗莱堡图尼山旁的几个城区及酒业合作社一起在今后

照片来源：Roland Klink

几年里在此设置主题小径。另外，目前正计
划将图尼山的南麓列入生态保护区。

2.3 "弗莱堡丽瑟菲尔德"自然保护区：新城区周围的物种多样性

在将近一百年的时间里，弗莱堡市的污
水都被引到城市西部的一大块土地——丽瑟
菲尔德进行自然净化（丽瑟菲尔德意为污水净化之地）。正是在这一期间，
那里聚集了大量的动植物种类，从水生生物到喜好温暖气候的物种，应有
尽有。在市政府决定在丽瑟菲尔德东部建造一个新的城区的同时，丽瑟菲
尔德的西部就被列为自然保护区。为了维护和继续发展那里的已有的动植
物生产空间，环保局很早就委托专业人士制定了生境发展方案，在 15 年后
的今天，这一方案已全部得到实施。

但是相关工作还远远没有完成，因为生境必须得到持续维护。两家农业企业承接了这项任务。今天的"弗莱堡丽瑟菲尔德"自然保护区是一个名副其实的，由草地、耕地和牧场、种满果树的河堤、树篱以及大大小小的水塘组成的一片如马赛克般的多类型生存空间。自然保护区与相邻的水湿林地一起对于鸟类保护发挥了重要的作用。在此除了白鹳外，还可以看到黑翁鸟、棕翁鸟或红背伯劳等稀有的鸟类。

照片来源：Jürgen Trautner

照片来源：LUBW 图片文献，Dannmayer H. 摄

"大红蝴蝶"是这里繁多的昆虫种类的代表。丽瑟菲尔德西部同时也被列入了欧洲保护区域网络"自然 2000"中，这更有力地证明了该地区对于物种保护的意义。

为了避免和相邻的新城区产生矛盾，同时也为了提高市民对动植物生存空间的保护意识，弗莱堡市在自然保护区内开辟了一条自然体验小径，通过游戏的方式向游客介绍各种关于动植物保护的知识。一个清晰的路径指示系统负责为游客在自然保护区指明方向。此外，令环保局尤其感到自豪的是，很多新城区的居民自愿定期维护生境，主动请缨，要求成为自然保护管理员，共同为自然保护区的长期维护做出努力。

2.4 苔藓森林：景观保护和密集空间的多功能森林

苔藓森林在一千多年前还是一个人类无法进入的沼泽森林，而现在已经逐渐演变成了一片人工种植林，并为弗莱堡承担了多种功能：中世纪时，这里不但可以养猪，还为人们提供建筑和燃烧用的木材。直至今日，苔藓森林仍然具有林业用途。但是从自然保护的角度来看，这片占地 44 平方公里的苔藓森林还有其他重要的功能：这片区域里有十分值得保护的森林生境，如由赤杨木、白蜡树和柳树组成的河畔森林或繁缕－橡树－白山毛榉－山毛榉森林。此外，在这里还生存着大量濒危的生物物种，同时它也为弗莱堡市民就近提供了一个优良的休闲胜地。

第二次世界大战结束后的几十年中，弗莱堡市区逐步向西发展——起初近 100 公顷的苔藓森林成了这一发展的牺牲品。为了避免森林规模的继续缩小，1997 年该区域被列入生态保护区。另外，因它所拥有的特别丰富的动植物种类，这片"苔藓森林"也被列入了欧洲保护区网络"自然 2000"。苔藓森林宝贵的森林生境中生活着很多稀有的动物种群，例如鹿角虫、甲虫、长耳鼠耳蝠和大鼠耳蝠等，因此苔藓森林还被列为"欧洲动植物群栖息地"。同时由于该地区也有非常罕见的中斑啄木鸟和其他啄木鸟种类出现，所以被列为"欧洲鸟类保护区"。

3 绿地——城市的绿肺

　　弗莱堡是名副其实的"绿色之都"——不仅是因为她拥有占地巨大的、既可充当城市绿肺又是市民休闲胜地的城区森林，同时也因为市区内的众多绿地。花园、公园、墓地、行道树以及很多接近自然的儿童游乐场所或河岸边的绿地都能改善城市小气候，而且也是动植物重要的生存空间。它们还为市民提供了休闲娱乐的场所，同时也是市民聚会的好去处，总而言之，这些绿地为提高弗莱堡市民的生活品质作出了巨大的贡献。

　　所有绿地的维护方式根据其用途不同而有所区别，但无论是集中式还是粗放式维护，都不会使用杀虫剂。比如河岸边草地的剪割，会遵循生态原则，每次只剪一段区域，下一次则再剪另一区域，互相轮流，以便栖息在此的动物不会突然丧失食物来源。所有绿地所种植的树木和灌木也都是来自本地的品种。

■ *就近的休闲和游戏空间*

　　公园无疑是市民在城市中亲近自然的上佳之地，但也有很多人会选择其他类型的绿地作为就近休闲场所，如公共陵园也已经成为城市绿地结构中重要的组成元素之一。

　　而对于儿童和青少年来说，最重要的当然是游乐场和球场了。自《布林科特研究报告》在 1993 年公布之后，弗莱堡的儿童游乐场所在 1995 年经历了首次变革，这一变革不仅涉及游乐场所的布置，还涉及整个意见征集的过程。这份报告是由弗莱堡大学的社会学家巴尔多·布林科特（Baldo Blinkert）受弗莱堡市的委托专门撰写的，直到今天该报告对于弗莱堡市游乐场所的设计和维护方法依然有着重要的影响。布林科特调查了儿童在住宅周围有哪些可供其自由活动的空间，以及如果儿童在拥有充足的自由活动空间与在缺乏自由活动空间的情况下，儿童的生活质量和发展机会将会受到哪些影响。为此他和弗莱堡大学社会研究所的同事们对本市的 4000 名儿童进行了详细的调查。他们询问和观察了父母及儿童、评估了他们的相关日记、并与孩子们探寻并调研了各自的居住区。1993 年研究报告问世，其中包含了很多如何为儿童创造和维护活动空间的建议。不久之后弗莱堡市以该报告为基础，制定了新的游乐场所设计方案。父母和孩子、幼儿教师、学校教师都会被邀请到那些贴近自然的游乐场所的设计规划工作中来。

弗莱堡现有的约 152 个游乐场所中，已按照上述原则改建了 36 个，新建了 28 个。有关市民从最初便可参与游乐场的设计规划，这一点受到了一致好评。市内已有 28 个游乐场所已经配备了足球场，此外还有 19 个专门用于踢足球或其他球类活动的场地。但是这些基础设施还远远不能满足本市儿童和青少年的需求，所以必须在将来继续加以扩建。

信息：

《布林科特研究报告》1996 年由 Centaurus 出版社以"城市儿童的活动空间——弗莱堡市委托进行的一项调查"为名正式出版。

 城市中充满活力的色彩

城市里还有一个可以设计的元素便是树木。约 2.5 万棵树木点缀着弗莱堡市的大街小巷和轻轨沿线。弗莱堡每年新种或补种树木达 350 ~ 400 棵。城市西部的市立农场蒙德霍夫及内设的动物园是吸引弗莱堡和邻近

地区市民的一大出游热点，老少皆宜。另外蒙德霍夫还从事农业经营，主要经营对象是丽瑟菲尔德自然保护区上的空地，而且它还主办了一个名为"KonTiKi"（动物－儿童－接触）的环境教育项目，也同样极受欢迎，儿童和学校团体是该项目的主要服务对象。

■ 弗莱堡的公园

如果没有如此众多的公园和绿地，那么弗莱堡将面貌全非，例如作为原州园艺展览园举办地的"湖畔公园"区域就占地 34 公顷，位于建筑密集的魏恩加藤城区边缘的狄腾巴赫公园则占地 40 公顷，市中心点状分布的绿点包括了城市公园，也占地 3 公顷，以及稍小一点的哥伦比公园和老陵园。随着丽瑟菲尔德和沃邦城区的发展，针对这两个城区的绿地规划也逐步得到了实施，以便那里的居民可以就近找到休闲的场所。丽瑟菲尔德新城区里有一块 2 公顷大的楔形绿地和一条中型水渠。沃邦城区则在一排排的住宅之间有 5 条绿化带，并在开发过程中保留了原来的树木，这些已经成为沃邦城区的标志。

■ 花园虽小，意义巨大

照片来源：园林路政署

在市民居住密集的地方，小花园能为人们带来接触自然的机会，从而提高他们的生活品质。在弗莱堡共有 12 个小花园协会，它们管理着共占地 88 公顷的 3271 个小花园。部分饲养小型动物的市民也经营着自己小花园。此外，园林路政署自身也管理着 297 个供限期租用的小花园。但是市民对小花园的需求远远大于其供给：仅在 2009 年就有 550 人向小花园协会及园林路政署递交了承租小花园的申请。

4 保护珍宝：弗莱堡的土地

土地保护作为一项环境政策任务

刚挖出的宝箱中金光闪烁，很容易让人忘记箱子周围的东西才是真正的宝藏——土壤。环境保护运动刚开始时情况与此相似。大家只想到应把水和空气作为珍贵的资源加以保护，但是很少有人关注土地。即使有人想到了土地，大多数也只是间接的，例如作为有害物质进入地下水的通道，或作为水域破坏的源泉。

其实土地本身有着极为重要的功能：

- 它是人类和动植物生存的基础和空间；
- 物质在土壤里可以分解或改变结构，其中也包括有害物质的分解；
- 它可以储存和过滤水；
- 它为经济活动、居住、交通和休闲提供场地；
- 它是农林业、园林建设和原料开采的
生产基础；

- 它是人类文化发展的基础，在土壤中可以找到历史进程的踪迹。

因此显而易见，土地也是一种应该被保护的资源。巴登·符腾堡州早在 1991 年便意识到了这方面的缺陷并开展了行动，颁布了相应的州级法律并特别创立了土地保护管理机构。自从 1998 年 3 月 17 日联邦《土地保护法》出台之后，联邦层面的土地保护工作也拥有了广泛的法律依据。土地保护的首要任务是自然平衡土地的各种用途，防御各种土地危害以及预防长期的危险和风险。

■ *土地现状报告——现状总结*

为了保证谨慎地对待有限的土地资源，就必须定期了解土地现状和变化。2004 年的《弗莱堡地区土地现状报告》便是这样一份现状总结。报告记录了所有土地和地下水中过去遗留的污染和目前有害物质的污染状况，但是也包括酸化、侵蚀和土地使用造成的威胁。在此基础上市政府能够确认土地较敏感或受污染的地区，并向它的使用者或所有人提出有针对性的措施建议，让他们可以根据这些建议处理土地负担所带来的风险和危害。

■ *弗莱堡的受污染土地*

1991 年弗莱堡作为巴登·符腾堡州第一个城市全面统计了城区内可能存在遗留污染的土地。此后又两次对该统计进行了更新——最近一次是在 2006 年进行的。环保局登记了 1790 余块土地，并按照巴登·符腾堡州规定的分级方案对它们进行了处理和评估。最终获得的数据可供土地所有人、规划者和其他利益方作为信息参考。

过去遗留的污染和现在的污染（例如漏油）不仅破坏土地，而且也会污染地下水。有害物质有可能进入我们的食物链，并最终威胁到人类的健康。

"过去遗留的污染"这个概念涵盖的意义十分广泛：既是指已经关闭的垃圾处理场地或其他地表曾处理或堆积过垃圾的土地，也指那些已经关闭的、但曾经与有害物质有接触的工业企业的所在地。相关部门负责找出此

类土地的所在位置，然后在必要的情况下进行隔离和清理。如果发现污染或至今不为人知的遗留污染，应及时报告环保局，以便及时采取必要的措施。

弗莱堡东部卡珀尔山谷便曾发生过上述情况：那里的土地被重金属污染，原因在于历史上这一地区曾作为采矿业重地。尤其在绍因斯兰山区，采矿业持续了几百年。在地面上开采和加工的原料受风雨的侵袭和浸泡，尤其在卡

珀尔山谷区域有很多重金属渗入地下。若土壤重金属含量达到一定比例，则会对人类健康造成很大的危害。因此，在过去几年中有关部门曾多次对卡珀尔山谷的土质进行检查。得益于这些检查，今天我们可以准确地对可能已被污染的区域进行隔离。

虽然目前没有出现任何危险，但是市政府还是采取了一系列预防措施，以降低土地和植物对铅和镉的吸收。同时市政府也向卡珀尔山谷的居民提出了很多建议，例如应该更换儿童游乐场所的土壤。独栋别墅和小花园主也获得了许多关于种植经济作物的建议。

■ 有害物质危害土地并造成财政负担

"城镇过去遗留的污染"对于弗莱堡市曾是一个巨大的挑战，从某种程度而言，至今仍然如此。市政府作为土地所有人或污染造成的根源必须自己承担排除污染的责任。这不仅意味着物流方面的巨大投入，同时也意味着巨大的财政开支。

在过去，弗莱堡市除了必须解决很多遗留的小问题以外，主要还需解决三件大事：前市北污水处理厂、克拉拉街的前煤气厂及曾经的银矿填埋场和动物尸体回收场。

仅克拉拉街的前煤气厂的改造便耗费了 840 万欧元，市政府必须承担其中的 210 万欧元。如今昔日的煤气厂变成了新的商业用地和儿童游乐场所。旧银矿填埋场的改造也花费了近百万欧元，而且那里的地下水在今后很多年还必须继续经过净化，这也就意味着更多成本。经过改造后，这个区域又将恢复到原来的状态——成为森林。

■ 节约用地，即是保护土地

把旧的改造成新的！回收，即原材料再利用的原理也适用于土地。不仅有害物质可以威胁到土地，地表封闭的土地显然也会失去它应有的自然功能。弗莱堡市早就对此做出了决定：节约使用土地资源是开发住宅区时的最高宗旨。与使用新土地相比，土地的"回收利用"在弗莱堡拥有绝对的优先权。弗莱堡的新区丽瑟菲尔德和沃邦城区便是将用过的土地再利用的典范。在 KOMREG 项目中弗莱堡市和邻近十个城镇共同为弗莱堡地区制定了城镇土地管理方案，在《2020 土地使用规划》中的可使用建筑面积明显降低，真正贯彻了节约用地的理念。

弗莱堡城区另外一个土地回收措施的典范是位于卡珀尔的原士多贝格锌加工厂的厂区土地的再利用。这个原先的洗矿场被重金属严重污染，地下水也受到了影响。市政府打算在该厂区进行改造之后，将这块过去被污染的私有厂区中的一部分土地用来建造住宅。

5 弗莱堡的水资源

水是一切生命的来源。它是人类历史上最重要的元素，是生命力的象征，对某些人而言，它也是清洁的象征。它为干枯的土地送来甘露，动植物都需要水。人类用它洗澡、饮用，同时也将它污染。

水资源必须受到保护！全世界如此，在弗莱堡也一样。

在弗莱堡负责保护水资源的除了环保局还有其他机构：市排水厂主要负责污水的排放以及洪水蓄水池的管理；巴登诺瓦公司则保障饮用水的供应，同时也相应承担保护地下水的责任，此外该公司还负责监控水源保护区；巴登·符腾堡州政府负责一级水域德赖萨姆河的工程方面的维护和防洪；园林路政局则负责较小水域的工程建筑维护。

照片来源：巴登诺瓦公司

5.1 必须保护地下水

弗莱堡特殊的地形以及受此影响的降水分布决定着弗莱堡地区的自然淡水供应量，即一年中通过自然水循环中可以直接供人们使用的淡水总量。弗莱堡平原地区（例如穆清根）每年的平均降雨量少于 700 毫米，而在黑森林高地每年平均降雨则超过 2000 毫米。这些降雨是弗莱堡地表水和地下水的主要来源。

在弗莱堡湾沙石质土壤富含地下水，并通过水井供公共和私人使用。需求的增长和广泛的应用形式导致 20 世纪 70 年代弗莱堡市的地下水水位下降，这对弗莱堡不同的生态类型，例如苔藓森林等，造成了负面影响。

照片来源：FWTM，Karl—Heinz Raach

虽然弗莱堡不是典型的工业基地，但是所抽取的地下水中一半都用在弗莱堡湾。因此必须在这一地区专门检验有哪些节水的可能性。

■ 让水位重新上涨

为了阻止地下水位的下降，水务局采取了不同的措施：在城区和弗莱堡湾区域严格限制开采地下水，此外，水务局成功地在城区内开辟了一些区域，用于雨水的下渗。通过节约用水以及在苔藓森林地区实施的有针对性的地下水收集措施，水务局成功地部分恢复了弗莱堡湾地区典型的地下水比例。虽然上述措施已经为动植物栖息环境带来了正面的影响，但是在某些区域还没能恢复1970年前的地下水位。

同时已有的经验也显示了，干净的地表水以及地下水上的保护层并不能完全保障地下水的优质，其原因有多方面：除了由工商业或住宅对地下水造成的点状污染外，深度的农业活动对地下水造成的大面积污染是主要原因。

■ 保护地下水，保障饮用水供应

在弗莱堡开展地下水保护主要面临两大困难：本市位于土地渗透性特别高的区域，同时这个地区农业使用的程度非常高。其造成的后果是硝酸盐和农药的残留物很可能侵入地下水。为了减少这样的危险，地方供水公司巴登诺瓦和弗莱堡市政府以及邻近的城镇共同制定了预防方案。因为弗莱堡市无法脱离农业，所以巴登诺瓦公司也非常注重农民的参与。只有如此才能可持续地减少含硝酸盐的肥料以及农药的使用。

为了向弗莱堡市供应优质的饮用水，巴登诺瓦公司几十年来可持续地经营着饮用水源泉，保障水源不受污染。预防性水域保护

照片来源：巴登诺瓦公司

措施在巴登诺瓦拥有最高优先权。该公司将自己视为"水的保护者"，这是一项面向未来的任务，也是对下一代的责任。

水资源保护的一项重要工作是向公众告知地下水面临的危险和风险。在很长一段时间里，人们都没有意识到，不正确处理的药品会通过排水管网和净水设备再回到水循环中，也就是回到饮用水中。在巴登诺瓦的资助下，弗莱堡大学附属医院环境医学和医院卫生研究所进行了一项研究项目，评估了通过厕所处理医药产品可能对地下水造成的威胁。研究结果表明：并非医院，而是普通家庭的医药箱才是水体环境中药物成分的主要来源，因为人们往往会将过期药物直接放在厕所中冲掉。因此巴登诺瓦公司和弗莱堡垃圾经济和城市清洁公司、市排水厂、布莱斯郜湾污水联合会、弗莱堡大学附属医院及州医生和药剂师行业协会共同编辑出版了一本免费的宣传册并大获成功——在短短时间内 6000 份宣传册全部发放完毕，不得不继续加印。

■ *人工湖*

对于很多人而言，人工湖是一个休闲娱乐的好去处，至少它们的存在丰富了自然景观。正好在弗莱堡周边就有好几个开采砾石后遗留下的人工湖。在有些湖里，例如奥普芬根湖，至今仍在开采砾石，因此湖水较为浑浊。和自然湖不同的是，人工湖并不具有位于地表的进水通道和出水通道，其中积蓄的水完全来自地下水。

这就带来了一个问题：随着时间的推移，地下水的新鲜补给越来越少。所以大部分的人工湖的水体都具有严重的富营养化。

在此需要说明的是，弗莱堡多数人工湖受到的污染都较少。只有福绿克湖、奥普芬根湖及瓦尔特霍芬湖受到的污染较为严重。

除了随着流入的地下水之外，很多营养物质也持续地随着水生鸟类、游泳的游客、雨水、岸边的直接水流或掉入湖中的落叶进入了人工湖，并导致一个生态进程的产生。由于几十年来进入人工湖的养分大于流失的养分，所以人工湖里逐渐累积的养分越来越多。这种自然的老化过程被称作富营养化。

起初人们以为福绿克湖的养分是来自附近的一个砾石矿。但是通过很多全面的调查都无法证实这一点。市政府和福绿克湖市民协会一起采取了一系列小规模措施，现在对改善水质已经产生了明显的作用。

奥普芬根湖和瓦尔特霍分湖都在原弗莱堡丽瑟菲尔德污水处理区的下游，相应的那里直接流入两个人工湖的地下水养分也就比较丰富。瓦尔特霍芬湖甚至已经成为巴登·符腾堡州污染最严重的水域之一。奥普芬根湖只有北部受到丽瑟菲尔德营养丰富的地下水的影响。目前那里正在用砾石建造一个水下大坝，以便将人工湖的南部与这部分地下水隔开，以使该湖能尽可能长时间地供居民游泳。湖的北部将来会

用于满足对水质的要求较低的自然保护需求。市政府将继续紧密检测人工湖的发展，并随时向市民报告最新的水质情况。

5.2 从潺潺流淌的小溪到波涛汹涌的大河——防洪和城市发展

布鲁格河本是弗莱堡附近的一条平和的山间小溪。但是它也有狂野的、出乎意料的一面。在洪水暴发时它会从一条无害的小溪变成波涛汹涌的大河。尤其当山上的积雪突然融化时，黑森林的小溪转眼间都会变成毁灭的源头。赫尔德勒溪也是如此，平时它和缓地流过弗莱堡，但在强降雨时却能在最短的时间里变成湍急的河流。在前几年，这条难受控制的小溪曾反复在威勒城区中部和下部地区造成严重洪水灾害。

■ *有了危险意识，危险自然就会消除*

时至今日，至少赫尔德勒溪的危险已经被解除了。2008 年年中，市政府在恭特斯塔尔前的草地上建了一个雨水蓄水池，可在很短的时间内积蓄

1.8万立方米雨水，以此减轻赫尔德勒溪在发生气候灾害时的负担。为此市政府投资了63万欧元。

但是弗莱堡市在防洪方面的工作远不止这一项：市政府预计防洪工作在未来将越来越重要。近年来频发的大规模突发性气候大大增加了洪水暴发的危险。

欧洲《水框架指令》规定：德国各联邦州在2012年之前必须为所有根据统计可能在之后一百年内遇到洪水威胁的区域编制洪水威胁地图。这张图将相应地对住宅区建设产生影响，因为只有满足了非常严格的前提条件后，才可以在可能受洪水威胁的土地区域建造房屋。弗莱堡其实早在几年前便制定了这样的洪水威胁区域图，因为这些信息对于2006年制定的《2020土地使用规划》非常重要（如通过调整建筑来预防洪水）。所以弗莱堡市并没有等到在全德范围内开展制图时才开始相关工作，而事实上按照联邦的计划，弗莱堡地区的洪水威胁地图要在2010年才开始制定。

■ *更多降雨，更多洪水——然后呢？*

至少在弗莱堡所处的地区，未来不仅会下雨，而且会越来越频繁，强度也会越来越大。2008年巴登·符腾堡州和巴伐利亚州共同进行的关于《南德地区气候变迁》的研究报告表明，今后我们地区将面临冬天变暖、降雪减少、降雨增加这样的气候条件，夏季则更多高温天气和极端气候事件，如洪水、长时间干旱等危险将日趋严重。

市政府已经将这些认知应用到防洪工作中：弗莱堡地区活水水域洪水测量排水量已经得到了提高（此处排水是指降水中流入小溪及河流，然后被排放的那部分）。弗莱堡市也已经为更多水量做好了准备并采取了相应的保护措施。

在过去几年中，有关部门检查了现有的洪水及雨水蓄水池，如有必要，还对其进行了改造或扩建。

■ *防洪必须依靠大家的力量*

弗莱堡是"德赖萨姆河／艾尔茨河流域洪水合作伙伴组织"的成员。我们之所以建立了若干类似这样的合作伙伴关系，是因为现在大家已经意识到，只有一个水体所有流域的地区成员联合起来，才能最好地解决洪水问题。

■ *接近自然的活水规划*

弗莱堡不是都柏林，布莱斯郜地区也不是西西里。我们并不需要很丰富的想象力，就可以明白欧盟水经济方面的问题在每个地区都是不同的。尽管如此，一部在欧盟范围内共同的"水框架指令"在 2000 年开始生效，目的在于统一欧盟各国水政策方面的法律框架。

该指令目前已成为各国国家法律，除了保护地下水以外，另一个目标是恢复地表水域的生态功能。为此必须进行全面的现状调查。相应的调查结果显示，弗莱堡的地表水域存在明显的不足。为了使这些水域重新达到良好的生态状态，弗莱堡市可以采取以下一系列措施：河床重整，使之更接近自然，岸边设置水域边界带；在德赖萨姆河和支流上逐步恢复游鱼通道；用所谓的河底缓坡代替原先的阶梯形堤坝，从而可让鱼类无障碍地溯流而上。

但是尤其是夏季，水域里的水位太低已经成为了一个严重的问题。在夏季干燥的月份，我们可以观察到德赖萨姆河的水位很低，这和流域地区的地形以及流入河流及小溪的雨水量有着直接的关系。另外，在干预现有的水域系统时也要考虑它们和地下水的交叉影响，这无疑使得问题变得更加复杂。

■ *雨水——流入排水管网太可惜了*

"下雨了，下雨了，土要湿了"——有一首儿歌是这么唱的。但是如今在下雨时，土壤往往并不会变湿，变湿的只是屋顶、路面和广场。大部分雨水都无法渗透到土壤里，而是白白地流入了排水管网。但是雨水渗透事实上是一个十分重要的过程：当降水渗过绿地的地表时，其中的有害物质得到了过滤；局部地下水得以补充，地表水域或混合排水管网的负担得以减轻，所以几乎没有比雨水回渗更高效的地下水保护方式了。在弗莱堡的新建城区里，如沃邦和丽瑟菲尔德、新展览中心和旧展览广场或威勒火车站附近的新小区里，集中或分散的雨水渗透系统早已成为标准。

6 空气和排放保护：弗莱堡的天空

虽然在过去几年中德国的有害物质排放明显降低了，但是空气污染问题，尤其是在人口密集区，依然十分严重。弗莱堡在夏天也经常大面积地受到严重的臭氧影响。另一个普遍受到公众关注的问题就是来源于道路交通的排放。

6.1 臭氧

自 20 世纪 80 年代中期起，臭氧就以一种矛盾的方式给专业人士带来很多问题：一方面在平流层上部的臭氧可以保护人类和动物不受紫外线的伤害，但是氯氟烃正在日益破坏这种保护效果（如臭氧洞），另一方面地面附近的臭氧却是一种对人体和植物有害的刺激性气体。在日照强烈的夏季，空气中的氧气、道路交通中产生的氮氧化物和轻度挥发性的碳氢化合物会合成臭氧。具估算，大约 20% 的人口为过敏性体质，这部分人群的健康会暂时地受到臭氧的影响。

弗莱堡从 1990 年开始向公民发出臭氧警报，这是德国第一个实施这一措施的城市：一旦近地面臭氧含量超出法律规定的所谓信息界限，即 180 毫克每立方米空气（以一小时内的平均臭氧含量为准），市政府就会主动向公民公布这一信息。每年的 5 ~ 9 月，市民可以通过臭氧热线 (0761/77555) 了解最新的臭氧污染情况、峰值或就臭氧警报进行问询；此外，相关媒体和邻近城镇也会接到相应通知。

为了保护人类免受近地面的臭氧危害，我们还规定了相应的长期目标值。自 2004 年以来这个值一直被标定为 120 毫克每立方米空气（以一天中臭氧值最高的 8 小时平均值为准）。每年最多允许超过该目标值 25 次，从 2010 年开始应尽可能遵守这个规定。

虽然有迹象表明弗莱堡夏季臭氧的含量峰值已呈现下降趋势，其原因主要在于我们成功地降低了碳氢化合物的排放。但是目前市政府无力自行提出方案来彻底解决这个多年来定期反复出现的问题。这一问题必须上升到国家以及欧洲层面得以解决。

6.2 道路交通排放

和很多人口密集地区一样，道路交通排放问题在弗莱堡也日趋严重。空气中的有毒有害物质，如氮氧化物和粉尘微粒造成的污染问题在弗莱堡也相当严重。每一个在主要污染点逗留的人都会受到被污染空气中有害物质的危害。

为了明确具体存在哪些污染，弗莱堡目前在交通繁忙地带共设立了两个监测站：一个位于黑森林路，另一个位于蔡林根路。另外，位于弗莱堡城区中部、技术市政厅旁的检测站还检测空气中有害物质的平均污染程度。它属于巴登·符腾堡州由六十多个空气

臭氧热线信息

监测站所组成的空气检测网络之一。

数据显示，监测点的氮氧化物污染水平十分高。例如黑森林路去年的氮氧化物平均值明显超出允许的中值（40μg/m³）。在粉尘微粒方面，弗莱堡除 2006 年以外至今尚未超越限值。超远限值情况并不单独取决于有害物质的排放，也和气候条件有关：在冬季半年时间里大气逆温情况下尤为明显。因为空气几乎不形成对流，有害物质都聚集在冷空气层。

6.3　弗莱堡保持空气洁净计划／行动计划

因为 31 号国道及蔡林根区 3 号国道上的氮氧化合物含量持续超标，2006 年 31 号国道的粉尘微粒含量超标，负责该领域的巴符州弗莱堡行政专区政府与弗莱堡市政府共同制定了"弗莱堡保持空气洁净计划／行动计划"，以实现在交通区域将氮氧化合物 (NO₂) 的含量控制在限值以下的目标。这些限值从 2010 年起具有法律效力，受害者有权起诉。

作为"弗莱堡保持空气洁净计划／行动计划"的一项具体措施，弗莱堡市将城区的大部分划为"弗莱堡环保区域"。由于德国之前已有根据机动车尾气排放的污染程度归类的标准，所以弗莱堡自 2010 年 1 月 1 日起禁止那些因为尾气污染最严重而被划为"有害物质 1"的车辆进入"弗莱堡环保区域"。自 2012 年 1 月起，这一禁令将延伸适用于属于"有害物质 2"类的车辆。唯一的例外是 31 号国道，它不属于禁止行驶的范围。

尽管已出台上述禁令，但是估计氮氧化合物的年平均值至少在中期内还将继续超标。"保持空气洁净计划"中的一份"降低排放潜力分析报告"得出了这一结论。只有在弗莱堡建成城市隧道后，才可能大幅降低排放物的年平均值，但即使如此，该年平均值届时仍然可能将超过欧盟规定的年平均限值。

■ *对机动车改装的激励*

弗莱堡市预计通过实施"保持空气洁净计划／行动计划"以及划分环保区域能推动机动车车主主动改装或升级车辆上的废气排放装置。通过这一方式，有害物质排放的确可以得以进一步降低。但是长远来看，只有那些长期的、在大范围内有效的措施才是最终的解决办法。因此，我们在此急切希望欧盟和德国联邦政府能在今后几年中制定要求更为严格的标准。

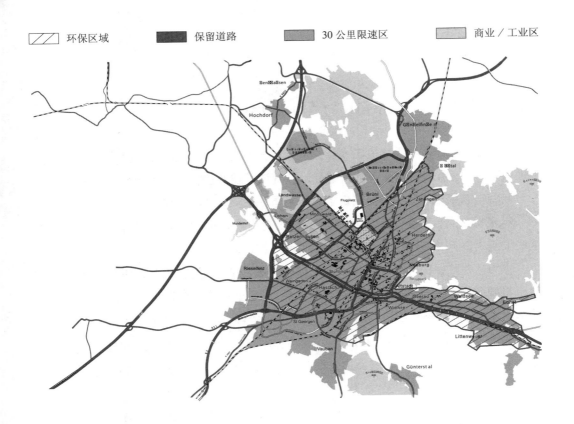

| 环保区域 | 保留道路 | 30 公里限速区 | 商业／工业区 |

■ 针对未来的预防措施

如果关于保持空气洁净方面的法律工具存在不足，那么那些针对环境预防和保持空气洁净的长期规划和方案则更显重要。即使城镇政府并不拥有形式上的管辖权，但也并非完全束手无策。

20 多年来，弗莱堡市一直在交通规划、能源供应和保持空气洁净方面采用了很多可持续性方案。在"2020 土地使用规划"中明确地描述了如何通过合理的城区规划避免交通：如通过增加市区住宅的供应、发展城区小中心或沿着有轨电车或城铁线路开发住宅区以及建造新的自行车道等措施。

降低地区有害气体排放的另一个重要基础是已执行了 20 年的"弗莱堡能源供应方案"。该方案包含了一整套关于如何降低有害物质排放的建议：从节约能源到使用可再生能源代替矿物化石能源，再到在综合城市规划的框架下利用高效的能源技术。

在经济领域也是一样：在过去 15 年中，弗莱堡工业设备和工商企业的排放显著降低了，这完全归功于这些企业改装了他们的设备，使之适应于最新的技术水平。这一成功当然并不仅仅依靠城市政策，但城市政策肯定也是成功因素之一，因为弗莱堡的城市政策为这类创新提供了最好的框架条件。

III　人与环境

1 政府参与

21 世纪议程

"21 世纪议程"作为联合国为 21 世纪制定的行动计划,由 170 多个国家的政府共同签署。它将城镇及其生活在那里的居民定义为可持续发展的重要参与者。21 世纪议程号召各地制定自己的行动计划。弗莱堡市的市民同政府当局一起为"可持续发展的弗莱堡"制定了自己的指导方针和目标,全面考虑了生态、经济和社会等各方面的因素。

生态指导方针

"在弗莱堡市及周边地区,我们将通过制定目标明确的城市和地区发展规划,把我们对自然资源的消耗和我们的生活方式对人类健康和环境产生的影响缩小到可承担的范围。我们的下一代也有权拥有如原材料、水、能源、空气、土壤、多种多样的动植物等自然财富以及正常的气候。为此,我们应对当前的经济生产方式、工作方式、交通方式、消费方式以及其他生活方式进行调整,使其尽可能地避免对环境的影响。我们将特别致力于对能源、水资源和原材料的节约型消耗及可再生能源的使用。"

来源:摘自《弗莱堡 21 世纪议程指导方针》

■《奥尔堡承诺》和可持续议会

可持续性涉及方方面面,而且并不是靠单方面努力就可以实现的。2006 年《奥尔堡承诺》的签署为弗莱堡 21 世纪议程注入新的推动力。加入该协议的城乡地方政府承诺,在一年内提交自己既有的可持续发展方案、

可持续发展议会 照片来源：R．Buhl 摄

政治义务和最新的任务，在两年之内协同最重要的社会团体和广大民众一起确定可持续目标和实现该目标的时间框架。这些目标应以《奥尔堡承诺》为导向。除此之外，还应保证定期进行成果检验。

在弗莱堡，"弗莱堡可持续发展议会"一直在制定可持续发展的目标及其实施方面为市议会和市政当局提供咨询。可持续发展议会中除了各领域专家，还有市议会、市政当局和市民代表一起工作。期间，可持续发展议会为 12 个专业领域拟定了60个目标，已由市议会于 2009 年 7 月 14 日颁布。以下便是其中的 10 个目标：

弗莱堡市可持续发展 10 项目标：

- 弗莱堡市市民参与城市政策等重要议题的决策。
- 保护民众免受交通事故、空气污染和噪声污染之害。
- 通过提高知识传播方面的质量和合作水平，充分发掘和利用本地区域经济现代化研究的潜力。
- 与贫困现象作斗争，创造和发展旨在保障生活的工作职位和就业机会，避免社会排斥。
- 保障各市民阶层，特别是中低收入阶层，拥有能满足其需求的、合理居住空间的权利。
- 加强公共短途客运交通建设，坚定不移地推动步行和自行车出行。
- 巩固和扩大教育领域的供给，充分挖掘教育领域各个层面的既有潜力。
- 与各参与方一起加强能效、节能和可再生能源方面的发展，努力实现本地区未来能源消耗 100% 来自自产可再生能源的目标。
- 减少弗莱堡地区的土地面积消耗。
- 将文化生活作为提高整个地区生活品质的重要因素，该因素对引入科研单位和外来经济企业与投资有很强的促进作用，应将文化理解为可持

放眼于全球 — 行动于地方 照片来源：P.Preu

续经济发展的一部分。

■ *弗莱堡的项目*

为了实现既定目标，必须将具体的措施和项目付诸实施。时至今日，弗莱堡已通过很多项目将可持续发展的理念付诸实施。2008 年，弗莱堡市及周边地区的 60 余个项目参与申请"巴登·符腾堡州 21 世纪议程奖"，最终弗莱堡成功获得了表彰。以下为几个例子：

"同一个世界"日和"同一个世界"项目

致力于环境保护的弗莱堡市民在 2004 年创建"同一个世界论坛"。至今该论坛已经推出多个以"同一个世界"为主题的教育项目并获得成功实施。此外，该论坛还同市政府、多家团体和协会一起组织了弗莱堡"同一个世界日"。论坛还和弗莱尼卡咖啡店一起为购买公平交易的咖啡进行了宣传。

周六论坛

弗莱堡地区"星期六论坛"始于 2006 年，并获得巴登·符腾堡州表彰。在每周六的论坛活动中，ECOtrinova 协会会组织专题报告，就气候保护、能源和环境方面的议题进行讨论。这些有关能源、气候保护和可持续发展

方面的专题报告在弗莱堡大学的教室中举行并对公众开放，参与人数众多。而那些前往创新型项目的实地考察活动也是次次爆满。

太阳能之路

ECOtrinova 协会的"太阳能之路"项目首次打造了两条跨国界的太阳能之路，这是一个通过虚拟和实践相结合的方式把气候保护、教育和旅游观光统一在一起的综合项目。为此，众多积极分子和联合会在弗莱堡地区和法国南阿尔萨斯中心区开辟了两条各为 80 公里长的"跨莱茵河双语教学之路"，在途中共计 48 个站点向公众介绍和讲解可再生能源、节能和合理用能的知识。

现场能源咨询

义务参与"现场能源咨询和气候保护"项目工作的市民在事前都已经接受了有关能效、节能和气候保护等方面的培训。这些义工可以与有关专家一起在公共宣传工作和活动中承担重要的咨询任务。广大民众可以在活动日上获得有关节能措施的信息。另外，该项目还向那些被选出的目标群体和家庭提供面对面交流的机会，传授节能和节电经验，并接受咨询。设在黑森林街 78 号的弗莱堡"21 世纪论坛"的"气候－环境"信息点也提供定点咨询服务，与现场咨询互为补充。

■ 可持续发展领域的市民参与

在弗莱堡像以上这种市民为可持续发展、为环境、为可再生能源利用而自发组成团体和采取行动的社会项目举不胜举。弗莱堡市将继续为市民提供空间并创造可能性，使民众可以具体了解这种市民性的参与会产生什么样的影响和意义。

2　全方位学习——弗莱堡的环境教育

人们往往只会去保护他们所认识的事物。所以要实现环境和自然保护，就必须给大众提供具体的感知认识和看得见、摸得着的真实体验，否则环保目标很难实现。环境教育不仅要从幼儿园和小学抓起，而且应该是一个终生的教育。弗莱堡市学校和教育局已经在学校以及其他教育机构开展了一系列的与环境有关的活动。确保市民拥有高度的、持续的环保热情对于弗莱堡学校与教育局尤为重要。

2.1　校园里的环境活动

校园里的环境项目是否能够蓬勃发展，主要取决于各个学校主导单位参与此类项目的积极性和主动性。值得一提的是，弗莱堡市学校与教育局于 2003 年和 2004 年连续两年获得德国环境教育学会（DGU）颁发的"21世纪学校主导单位"荣誉称号，这个奖项主要奖励给在校园环境教育中做出示范性贡献并在交流中推动"21世纪议程"的单位。

弗莱堡市学校与教育局的环境项目不仅包括传统的环境主题，如垃圾减量、节能和节水等，还开辟了新的领域，例如教育局将健康饮食也作为环境教育的一个重要组成部分。

■ 正确的配备

尽管参与意识和态度开始于头脑，但具体实施往往取决于良好的技术装备：弗莱堡已有数量众多的小学配备了"NAWILINO"试验箱，用于进行自然科学教育和环境教育；2010 年还会继续扩大规模，届时小学将配备专门的科研角，让孩子们除了科学实验之外还能够亲身体验自然；学校在选购技术装备时非常重视环保标准，因此只能采购带有"蓝色天使"标识的复印机，并严格规定只能使用再生纸或可持续发展森林中的新纤维纸；教室桌椅必须经久耐用并简单易修；另外对于二手设施还设有置换交易所，让旧设施尽可能获得新用途，而不是直接作为废弃物处理掉；校园中不得使用热带木材；校园中使用的化学制剂、有害物质或特殊垃圾均与巴登诺瓦公司合作进行归类，并在不影响环境的前提下得以清除。

教育局还与理查德－符恩巴赫职业学校合作，修建了一座太阳能塔、一条太阳能教学小径和一座水车，以便传播与太阳能和水能有关的专业知识。

■ *科学网*

自 2007 年 7 月起，弗莱堡学校的老师和学生及其他兴趣爱好者可以通过互联网门户网站"科学网"了解由约六十家主办方提供的 260 多个校园内外的环境教育项目。该网络平台展示了有关环境、可持续发展和自然科学的教育基地。"科学网"主要为那些希望将学校课程与考察、郊游和项目日等活动相结合的教师提供服务。弗莱堡学校与教育局出资负责网站维护的费用。www.sciencenet-freiburg.de

■ *多姿多彩的教育方式 ——多媒体教学和竞赛*

尽管弗莱堡学校与教育局自身没有开设任何课程，但它为相关项目提供场地和资金方面的支持：比如环境和社会教育学会的多媒体节目《水的符号》，将"水"这一复杂的主题结合各个主要的生态问题进行了集中的阐述，如水污染、防洪、盐碱化及与之相关的政策问题如水资源冲突、供水私有化等；《气候和能源》节目则揭示了气候变暖的背景知识以及能源开采和未来能源供应的可能性。

课堂上的环境教育还包括数量繁多的、旨在具体改善气候保护的竞赛活动：学校与教育局实施了题为"五五开"的非投资性节能项目（见第 60 页），该项目中 50% 节约下来的成本将归学校支配；弗莱堡各学校还纷纷参与时代图片出版社和德国 BP 股份公司共同组织的"气候以及其他"竞赛活动，希望借此改善校园内的二氧化碳平衡；德国市议会联盟和联邦环保局资助的"学校巡游"竞赛项目也为环境保护带来了不少创造性的点子。

因为民众兴趣高昂，自2001年以来弗莱堡市还专门设立了环境奖，除了企业单位外，环境保护团体和学校班级均可参与该奖项评选。2009年，弗莱堡德法高级文理中学和文清格高级文理中学分获亚军并分别获得700欧元奖金，以奖励其在能源领域的项目建议。学生们分别通过他们的"安装太阳能装置"和"储能装置"项目积极参与并倡导节能和可再生能源的利用，充分显示了他们在能源方面负责的态度。

为了使环境教育范围尽可能宽泛，学校与教育局还鼓励学生积极参与由校外机构主办的相关活动，如森林屋（见第133页）和生态站推出的环境教育项目。此外，弗莱堡的学校还与"小河监护人"项目合作，并且参与"弗莱堡在行动"活动（见第136页）。弗莱堡废弃物处理公司受弗莱堡市政府委托专门针对学校教学推出了一本名为《废弃物不是垃圾》的环境教育守则，并为入学新生免费派发点心盒子，以减少包装垃圾。

■ *健康饮食是环境教育的组成部分*

环境教育不仅应从头脑开始，也可自下而上从胃开始。因此弗莱堡市力求在学校中培养并强化孩子们对于健康饮食的意识并在"更好的饮食：保持健康、一起吃吧"这一统一的口号下组织了多种多样的活动。在这些活动中，弗莱堡市与莎拉－维纳基金会通力合作，由基金会负责培训营养烹饪师，以使其在校园中开设相关烹饪课程，传播营养饮食知识。

弗莱堡学校与教育局还将AOK医疗保险公司的相关活动与"更好的饮食"相结合。另外，DAK医疗保险公司也在学校开展了名为"科学小子"和"老虎小子"的项目，并在学校开设专门的项目日。生态站目前也受市政府委托，为青少年制定"生态为孩子"的方案，计划组织中小学生前往农庄参观，并在校园中亲手栽种蔬菜和香料植物。此外，学生还可以在生态站开展项目日活动。

■ 健康的学校 – 弗莱堡健康营养试点项目

水是最重要的食物，这可并不只是科学家的观点。水对人体的多种循环至关重要，保证注意力集中和身体机能，而且不含卡路里。为了长期改善弗莱堡学童的饮水习惯，弗莱堡市与巴登诺瓦公司合作将在未来几年中在弗莱堡的校园里设置喷水式饮水点。预计建设约 70 饮水点，总投资约 35 万欧元，巴登诺瓦将负责采购成本的 10%，目前已建饮水点 30 处。

文清格中学的食堂也进行了改革：学生们不仅可以参与食堂的布置，还可以品尝到来自本地区的生态水果。自 2009 年 3 月起，巴登诺瓦创新基金资助的课间分发苹果的活动在此开展试点。食堂改革的目标在于，为学生提供的食物一半以上应来自当地的生态农业。到 2014 年，弗莱堡市的所有学校均应达到这个标准。

健康营养方面的新动力来自名为"健康饮食"的咨询委员会，它由 20 个成员组成，其中包括弗莱堡饮食文化协会、弗莱堡土豆屋、市民大学、慢餐协会、弗莱堡餐饮交流协会及弗莱堡农村妇女组织。这些成员负责向弗莱堡学校与教育局提供有关咨询。委员会成员每年举行一次集会，提出并讨论新的建议，以便更全面地促进健康饮食的发展。

■ 多姿多彩的校园

运动就是一切！因此，弗莱堡市自1988
年开始就为那些有助于孩子成长和活动的校
园改造项目提供资金支持，并在内容和组织
方面提供咨询。弗莱堡市教育局、园林路政
局、各中小学校、建筑管理局和儿童办公室
共同为每一个改造项目单独设计方案。孩子
们在课间的玩耍需求和越来越多的全天制校
园监护需求是设计方案考虑的重点。在改造
前，孩子们只能在沥青铺设的操场上玩耍和
奔跑，在改造后的校园里，他们可以滑滑梯、
玩吊索、走平衡木、攀岩和尝试其他体育设施。
弗莱堡新建校园的规划已经融入了上述理念。

另外，多家弗莱堡学校还同时参与了州"以体育和运动教育为重点的
小学"项目，这与校园改造可谓相得益彰。参与该项目的学校承诺每周为
学生提供至少200分钟的体育课和运动类活动。其中包括课间休息和运动
类课程，那些与当地协会合作在校园里举行的体育类活动也可归于其中。

■ 安娜-弗兰克学校的太阳能奖

2008年2月在弗莱堡手工业行会组织的竞赛中，安娜-弗兰克小学赢
得了一套光伏设备。但因安娜-弗兰克小学地理位置的局限，即使换一台
工作效率更高的光伏发电装置也无法实现经济效应，所以这一奖品无法按
照原设计安装在教学楼上。

该学校接受手工业行会的提议，由行会将该光伏发电设备免费安装在
位于朗特瓦瑟城区的职业学校楼顶上并负责其运行。该设备20年内的发电
所得利润归学校所有，可用于学校相关项目。目前第一笔款项已支付。至
于那些属于气候保护和能源领域的校园项目可得到该笔款项的资助，其评
判和决定权完全掌握在安娜-弗兰克小学的小小节能监察员手中。

2.2 校园外的全民教育

在校园之外，弗莱堡市也为市民创造了多种不同类型的环境教育机会，其中包括林业局开辟的自然体验和森林教育小径、针对中小学生的参观或项目日活动以及为私人开办的森林幼儿园提供选址和森林教育专业方法方面的支持，使它们可以通过寓教于乐的方式帮助孩子们认知森林生态系统。

■ *弗莱堡天文馆的环境教育*

天文学家的视线总是远远地超越地球，投向天际、关注宇宙万物、穿越宇宙的历史回到宇宙大爆炸的起点。

在弗莱堡天文馆我们却把视线的方向调转回来。通过真实的宇宙视角用全新的眼光观察我们赖以生存的星球——位于生命无法生存的黑暗宇宙中的一片绿洲。我们在此可以更清楚地了解人类在宇宙中的地位：我们是宇宙在其 136 亿年发展过程中的产物。对奇迹般的地球和生命发展的惊叹

无疑将唤醒人类对母亲星球的责任感。

以气候变化为例：天文馆名为"回到炎热纪"的专门项目向人们解释了地球的整个气候变化史及其关键因素——温室气体亘古以来在其中扮演的角色，最后得出的结论是可怕的：人类行为导致的地球大气层中二氧化碳浓度提高使我们正在偏离过去几百万年来的气候模式，我们正以前所未有的速度滑向下一个地球炎热纪，而唯一的出路则是使用"太阳恒星电厂"（弗莱堡天文馆的另外一个科普性生态项目）提供的能源，如果任由它每天照射在房前屋顶，而不加以利用，实在是太浪费了。

弗莱堡天文馆已经成为了一个论坛，这儿不仅讲述宇宙形成和发展的历史，还介绍温室效应的自然科学基础知识并讲解太阳能利用和地球物质循环的过程。德国联邦环境基金会为天文馆生态项目提供了慷慨资助。

■ *市图书馆*

"装入环境箱……"——要准备跟环境有关的教学项目或者专题报告，相关的信息不可或缺。弗莱堡市立图书馆不仅提供能源和

自然科学方面的相关文献资料，还为中小学生提供培训课程，教会他们如何通过多媒体工具获取信息，其中当然也包括与环境相关的专门信息。

弗莱堡市的小学老师可以利用名为"环境"的多媒体箱以及其他与以自然为主题的工具箱辅助教学，这些箱子里往往装有相关的书籍、磁带、游戏和 CD 盘等。成年人可以在此找到比如有关建筑节能或健康营养方面的参考书，或者也可以通过互联网寻找解答。"欧洲"信息点为访客准备了大量有关欧洲环境行动和环境法等方面的资料。

■ *远足和课程——市民大学让环境主题看得见、摸得着*

环境教育对弗莱堡市民大学而言是一门普及教育。因此，市民大学致力于引导人们有责任意识地利用环境和自然资源。在市民大学主办的专题讲座、研讨会、学术考察中，

学员不但可以了解到关于环境与健康、环境政策或全球相互依赖等重大问题，也会学到本地具体问题的解决方式，如垃圾处理、区域性能源供应、弗莱堡环境毒素，以及与实践相关的个人行为导则，并得到关于如何与环境共处的指导。开设的课程内容广泛，不仅包括关于住家如何设计和建造太阳能设备的技术性指导，也包括关于如何装扮自家花园的具体建议。过去的几年间，随着学员们对体验性学习的兴趣越来越大，使得连接奥特瑙与马克盖富勒两地的远足活动大受欢迎，自然与文化在此得以和谐统一。通过与本地环境领域伙伴机构的合作，市民大学可以为各个目标群体提供有关如何积极负责地与环境共处方面的信息和帮助。

■ *蒙德霍夫——动物－自然－体验公园*

在弗莱堡占地 38 公顷的蒙德霍夫地区生活着约 350 头来自世界各地的动物。这里宽广的草地、牧场和原野是来自城市的大人和孩子享受自然、

照片来源：蒙德霍夫

放松身心的理想园地。起伏的丘陵可以让人们远眺黑森林和皇座山。蒙德霍夫的每一块动物圈养地都代表着一个国家或大洲。游园之旅可以从欧洲（羊驼、羊毛猪、普瓦图驴等）开始，一路穿越北美洲（草原野牛等）、南美洲、亚洲（双峰骆驼）和非洲（鸵鸟等）直至位于公园中心居住着熊、猫鼬、爪哇猩猩和长臂猿的异国风情区。与可供游客自由行走的围栏区形成鲜明对比的是由弗莱堡水族协会管理下的那别具魅力的水族馆。特别值得体验的事情当属参观动物饲养员们每日的动物喂食过程，或通过预订在工作人员的带领下做一圈巡游。园内还有各种适合休憩和野炊的场地，此外蒙德霍夫还有一家带啤酒花园的餐馆。针对孩子们的需要，公园还专门开辟了两处贴近自然的游乐场并建造了一座以龙为外形的洞屋。与其他动物园和休闲公园不同，蒙德霍夫是免费开放的，只是在泊车时才需缴纳5欧元的停车费。蒙德霍夫是一个开放式公园，全年365天随时可以进入。

该公园的另一特别之处在于一年四季的节日活动，一般由"KonTiki"这一位于蒙德霍夫的自然教育项目组主办。游客在圣诞节期间可以在蒙德霍夫体验东方式集市或者圣诞活动，其中包括由150人和80头动物参与的圣诞故事表演。另外还有迎春节、夏至焰火和秋天的南瓜节。

■ 弗莱堡森林屋 – 森林和可持续发展中心

森林中充满着秘密，而弗莱堡森林屋则为人们打开通往这些秘密的通道。2008年10月，在同名的公益性基金会的推动下，弗莱堡森林屋作为一个全新的、以森林和可持续发展为主题的教育、信息与实践中心对外开放。

森林作为一个意义重大的生态系统、重要的原材料供应地和为大众所喜爱的休闲娱乐场所，与人类社会在情感上存在着紧密的联系。很多人也因此特别偏好以木材为原料的家具和室内装修。然而，当森林被利用时，如树木被砍伐的时候，很多人，特别是那些在城市生活的人会心存质疑甚至完全反对。

弗莱堡森林屋试图通过向社会提供相关

照片来源：弗莱堡森林屋

信息知识的方式来打消上述疑虑，并为大众提供一个体验的场所。其目的在于让人们进一步了解森林生态系统对人类社会的多重功能，提高人们对林业相关事务的灵敏度并培养可持续使用的意识。森林屋应发展成为教育和知识传播、信息交流、感性与实践体验的场所，以及各个年龄层人群互相交流的交汇点，并在此基础上成为"森林和可持续发展"的未来工厂。

■ *进入魅力空间的入口*

位于城区森林边缘的森林屋是通往森林这个充满魅力的生活和体验空间的大门。森林屋内定期举办各种展览，并播放关于森林和可持续发展主题的科普电影，另外还设有森林实验室、会议室和森林屋咖啡馆。

森林屋四周还有许多引人之处，如木雕艺术家托马斯 × 瑞斯创作的名为"森林——人类"的雕塑小径，拥有1200多种树木和灌木的城区森林植物园和各种主题小径。木材作坊里有各种传统的加工工具，如裁切椅和刮刀等，还为青少年和成人举办有趣的木工培训班。

森林屋全年的活动安排针对所有兴趣人群，其中除了主题森林漫步、木工培训班、带向导的自行车之旅和林间工作外，还有阅读会、音乐会和最新的主题报告会等。

然而，森林屋并不仅仅是一个体验场所：作为校外学习基地，森林屋主要的针对对象是中学的中高年级学生。学校不仅可为学生预定以"森林和气候变化"、"魔力木材"、"从幼苗到木材原料"为主题的半日制课程，也可让他们参加名为"森林拉力赛"的全日式或多日式课程。

森林屋自身也可被视为一个项目——一座现代化的木质建筑，从建筑造型上看简明一致，能耗极低并用木材供暖。森林屋还可为专业活动（会议、集会、研讨会）或私人集会提供场地出租业务。

■ 将可持续发展作为生活艺术

Nachhaltigkeit als Lebenskunst

可持续发展做为生活艺术

在"阳光地带弗莱堡"太阳能网络的推动下，弗莱堡市自 2007 年开始举办名为"将可持续发展作为生活艺术"的创新性系列活动。活动中讨论的不是技术和政策问题，而是我们应在日常生活中作为参照的文化价值问题：我们该如何生活？我们的生活方式应该是什么样子？为此弗莱堡推出了以"时间"、"食品"、"空间"、"后代"、"倾听"为主题的系列活动，每个主题都包含 20 多个小活动，分别在一些特别的场所、以多种多样的形式进行。

这些活动的成功举办离不开巴登基督教学会、弗莱堡基督教成人教育学院、弗莱堡大主教区天主教学会的合作，及众多个人和机构合作伙伴对活动的支持。巴登诺瓦公司的创新基金为这一系列活动提供了资金赞助。

该系列活动在市民和专业人士中引起积极的共鸣，所以主办方决定寻找新的主题，将该活动继续推进。

■ 对可持续性的学习——贯穿生命始终

教育确保美好未来——正是出自这一认识，弗莱堡市自 2009 年 9 月开始实施"在弗莱堡学习和体验：LEIF"项目。这个由德国联邦政府资助的项目力求为终生式学习打造一个全面的地区性教育管理体系，该体系应为各个年龄段、各个领域的市民提供学习机会。

这个项目涉及面非常广，经济、技术、环境和科学活动领域（WTUW）就是该项目的重要组成部分。弗莱堡不仅非常重视环境和可持续发展问题，而且在该领域也拥有广泛的专门知识。在 WTUW 活动领域中，参与者可以更多地了解生态、经济、社会和文化之间共存关系，并扩展这方面的知识。其目标是实现本地区可持续的发展，既能满足当代人的需求，又可避免产生损害后代人在满足他们的生活需求以及选择生活方式方面的可能性。为此，弗莱堡建立并巩固了以可持续发展为导向的"弗莱堡可持续发展"四叶草项目。

为了将各个参与方更好地联系在一起，弗莱堡还组建了"可持续学习"网络。该项目的合作单位还包括弗莱堡生态站和弗莱堡森林屋。

3 市民参与——民众的环保积极性

民众的积极参与不仅是社会凝聚力不可缺少的条件，也是自觉承担社会责任的体现。弗莱堡将自己定位为一个为民众参与提供空间和创造机会的城市，一个帮助激发市民的积极性并利用其资源和能力改善当地生活质量和发展状况的城市。

■ 市民参与的多样性

弗莱堡超过四分之一的居民正在通过市民参与积极奉献自己的力量，还有同样多的人正在努力寻找参与的机会。除了联合会和协会、教堂、慈善和其他公益组织的日常事务之外，弗莱堡的人们还自发组织各种形式的自助会、邻里行动组、兴趣代表处和兴趣团体，并参与到城市规划和城市发展的项目中去。显而易见的是，民众多样化的参与形式和他们的创造力极大提高了弗莱堡市的亲和力。

市民在环境、自然和动物保护方面的积极参与在弗莱堡有着悠久的传统，并远远超越了城市的边界。尤其是考虑到当下快速的工业化和社会化变革，市民在保护本地赖以生存的环境和自然方面越来越敏感，在自然资源消费方面的责任意识也越来越高。

弗莱堡已经意识到，过去几十年来自己在环境和自然保护运动方面的投入已经对弗莱堡市在国内外的形象和地位产生了重要影响。市民的积极参与在很大程度上已融入城市发展之中，并还将继续塑造城市的未来，因为资源的保持和促进将是弗莱堡未来的中心任务。

■ 小溪监护人

自1986年以来，弗莱堡市就为市民提供机会，通过认领一段小溪来承担一定的环境保护责任。该倡议发展至今已有来自幼儿园、学校、协会和个人组成的50个小组参与。在这一合作项目中他们可以一起深入了解大自然的一小个组成部分，同时积极推动生物多样性和自然保护。这个倡议的

最高目标是实现生态改善，同时我们也十分
重视这一活动的水资源教育价值。这些监护小
组积极地保护水域中穴居动物的孵化、两栖动
物和蜻蜓，并努力地铲除那些外来入侵植物物
种，即那些从自然角度不应出现在德国水域的
植物，从而为生物多样性的恢复和保护做出贡
献。该项目得到弗莱堡溪流监护人促进协会的
支持，该协会还免费为小溪监护人提供工作器
材和运输工具——名为"水蚤"的面包车。

■ *弗莱堡在行动*

小溪监护人并非孤军奋战。2003年，园林路政局发起了"弗莱堡在行动"
倡议。从那时起，弗莱堡市民在这一口号下自发提出的有关城市生态项目
的建议都得到重视并被逐一实施。另外还有年度项目，其活动重点会按照
新的形势变化逐年调整。

目前，弗莱堡市民可参与的项目众多，比如参与用生态的方式修剪长草，这种方式比机械锄草耗时耗力得多。或参与控制板栗枯叶蛾的行动，还可参与消灭入侵类植物豚叶草的行动，这种草会引发剧烈的过敏反应。除此之外，市民还可以参与"短期领养"项目，在一到两年的期间内负责养护一个公园、一个运动场、一块老陵园、青少年交通学校或其他地方。

附件一　弗莱堡新城区——丽瑟菲尔德：
一项可持续城区发展的经典案例

　　绿色之都弗莱堡市近年来诞生了两例可持续城区发展的典范：新城区丽瑟菲尔德 (Rieselfeld) 和由旧军营改造而成的沃邦小区 (Vauban)。这两项工程是因 20 世纪 80 年代末和 90 年代初人们对弗莱堡住房的大量需求应运而生的。

　　丽瑟菲尔德新区坐落于弗莱堡市西郊，计划建造住房 4200 套，供约 1 万～1.2 万人居住，是巴登·符腾堡州最大的新区发展项目之一。丽瑟菲尔德新区从 1994 年开始建设施工，该新区项目所蕴含的城市规划理念最初来源于一个在"城市发展及环境规划创意大赛"中获得一等奖的规划设计。

鸟瞰

新区占地面积约 70 公顷，位于前弗莱堡西南污水处理场的东部，该污水处理场具有百年以上历史，占地面积为 320 公顷。在经过详细而广泛的地质勘测和去污处理以后，这个位于弗莱堡市西部的区域已经具备了进行住宅开发建设的一切条件。

一、新区规划目标

以下城市发展政策性目标是该区规划理念的基础：

- 建设一个人口密集（容积率大于 1）的城市社区，其中 90% 以上建筑物为最高为六层的多层住宅公寓及多家庭住宅。
- 灵活的城市规划原则，既考虑到当前开发，也顾及到未来可能出现的规划调整。该项目的建设计划由四个阶段组成，每两个阶段的开工日期之间存在两年的时间差——这是"自适性规划"原则的体现。
- 充分考虑到女性、家庭、残疾人和老年人的利益。
- 通过将商业区和住宅区相融合（目标：在该区创造 1000 个工作岗位），解决居住地和工作地分开的问题。
- 实现建筑结构及居住形式的有机结合。例如：将个人独立出资的住房及政府补贴住房组合布局，或者将产权房与出租房组合布局等。
- 通过建立在小体量用地基础上的多样化建筑形式和不同的建筑结构类型（从双层连体别墅到 6 层公寓住宅等多种形式的建筑类型），以满足不同目标消费群体的独特需求。
- 面向未来的交通系统，在整个新区内优先发展公共交通、步行道、自行车道和 30 公里限速区。
- 在建设之初就将公共和私人基础设施进行有效融合。
- 以生态目标为导向，如推广低能耗建筑、通过电热联产电站给小区供暖、综合利用太阳能、雨水回收再利用以及将有轨电车作为区内交通方式的首选等。1995 年与新区西部毗邻的区域升格为自然保护区，并在其中设立了"体验自然小径"和"访客指示牌"。从 2001 年起，该区域又成为"欧洲庇护系统－自然 2000"的重要组成部分，成为许多欧洲

动物、植物栖息地和鸟类的庇护天堂。

- 高质量的公共、私人绿地以及休闲场所。
- 为了保证在相对紧凑的居住空间内提高居住质量，在多层住宅公寓内院中设立公共庭院和休闲空间。通过和内院底层公寓房主协商，让他们提供一部分内院私人用地，委托设计师对整个内院进行公共空间休闲娱乐区域的规划，以避免不必要的空间分隔和浪费。

二、新区建筑规划

1991/1992 年城区规划大赛的成果在整个丽瑟菲尔德新区的建设发展过程中得到了不断的应用和实施。其中最主要的一点就是丽瑟菲尔德大街上的有轨电车轴线，它构成了整个社区的"脊柱"。此外，在城区的正中心，有一个方向朝北的楔形绿地，它是社区公园。社区内主要的基础设施还包括小学、中学、体育馆、社区会议中心和教堂等。楔形公园的方位可以很好地引导休闲娱乐人群北行，抵达与小区北部毗邻的克斯巴赫和迪腾巴赫低地，从而减少对与小区西部直接接壤的自然保护区的环境压力，进而起到保护环境的作用。

长 130 米、宽 70 米的高密度建筑群单元直接分布在绿树成荫的丽瑟菲尔德大街沿线，建筑密度由中心向四周递减。在小区入口右侧，一排居民楼排列成简洁的弧形，与区外的贝桑松主干道相邻。在城区建设的第三、

第四期，体量较大的、带阳台的连排别墅起初是最小的住房单元，后来在此基础上引入了一些连体别墅。在紧邻弗莱堡西南部海德工业区的新区南部规划了一些小体量的商住混合区和商业区。新区规划主轴线丽瑟菲尔德大街的两边底层，分布着大量的商业门面，可供餐饮、零售和其他服务行业入驻。由于对这些商业门面的招商直接依赖于消费需求，所以增加新区住户和居民数就成为新区开发项目组的最大挑战，这也正是丽瑟菲尔德大街两边的一些空地和空间要到整个项目临近尾声时才可根据具体需要进行商业开发的原因。

合理的街道宽度、各类小区广场以及超过20个宽广的社区庭院将小区腹地打造成为一个非常具有吸引力的休闲场所，从而大大缓解和弥补了高密度建筑给人带来的不适感。

此外，该项目在市场营销方面之所以获得成功，其中一个关键因素是有意识地将街区分成若干较小的地块，也就是说，一个街区一般不会完全交给某单个投资商进行开发，而是拆分给 5 ～ 10 个投资商进行开发。这样

城区主街道边建筑立面

城区市民广场

就会形成建筑形式的多样性，这些多样性主要体现在丽瑟菲尔德大街沿线上的密集街区，我们可以看到如沿街房、市政房、连体别墅、连排房、弧形建筑群等各类建筑物。甚至在同一居住单元内部，也试图采用不同的建筑形式。为了能在开发一期和二期提供产权房，从项目开发的前两期开始，每栋5层的市政房都带有两套很受市场欢迎的产权公寓。

　　丽瑟菲尔德新区的城市建造结构决定了需要建造直角正交的方格状街道系统。它也是目前新区交通规划的基础，这一交通概念主要包含以下几点因素：

- 行人、自行车和电车拥有交通优先权。
- 区内三个有轨电车车站使所有居民都能方便地乘坐公共交通。
- 区内几乎所有街道都设立 30 公里限速区，且实行右侧先行的交通规则。在一些"儿童游乐街区"里，禁止机动车辆行驶，从而杜绝正在玩耍儿童的安全隐患。
- 城区设三个交通主入口。

　　丽瑟菲尔德大街由两条方向相反的平行单行道组成，这两条单行道被有轨电车道隔开，只有自行车被明确规定可以在单行道上逆向行驶。

三、新区生态规划

　　生态原则在新区规划之初就起到了很重要的作用。新区节能规划的特点首先体现于建筑物朝向布局、建筑物之间的距离以及使用低能耗建筑的义务（每年最大能耗在每平方米 65 千瓦时）等各个方面。该节能规划是由政府、建筑师、工程师和建造商遵循从丽瑟菲尔德项目中生发出来的"沟通代替惩戒"原则，在数年的不断学习和总结过程中逐步得以实施的。其他生态方面的特点还体现在：新区内的建筑物均可与集中供热管道相连，该管道的供热则由位于魏恩加腾区(Weingarten)的一座热电站提供。另外，小区大量使用可再生能源，如太阳能、高能木制颗粒燃料及热（力）泵供暖等。如果一幢建筑物内的热（力）泵能够为该建筑物提供全部所需热能，那么这座建筑物就不必与集中供热管道相连接。

20世纪90年代中期，这个新区成为研究课题"有害物质最小化的城区规划"的试点项目，这一课题于1998年结束。事实证明，通过采用较高的建筑密度、节能建筑方式、电热联供的近供暖方式、各项节电措施以及改善公共交通，相对传统城区可以减少将近50%的二氧化碳排放量。在过去的几年中，德国在这一研究领域若干试点项目的成果已经被广泛应用于各地区的城市发展规划中。

气候、空气和噪声等方面在规划过程中也都得到了详尽的考虑。如在社区周围保留森林带，不仅隔声，而且可以形成一道美丽的视觉风景线；其次是城区南北通风的问题也被考虑在规划中。此外，一期规划中的弧形住房排列对新区内部则是一道很好的隔声屏障，它将贝桑松主干道产生的车辆噪声隔绝在外。

在供水系统方面，小区有单独的雨水收集再利用系统。经过土壤过滤设施的生物净化过程，雨水会再次回流到"弗莱堡丽瑟菲尔德"自然保护区的湿地环境中去。同样，地下水的补充来自于建筑楼群内院绿地的雨水渗透。这些绿地在各期规划中，都被明令禁止进行地表开发和地下开发。

土地规划最主要的特点就是尽量减少公共及私人用地的封闭性，同时清除区域内受污染的土壤。工作人员在把表层土壤移去0.5～0.8米前后都对土壤进行了采样研究，以确保次层土壤未受污染。丽瑟菲尔德西部的自然保护区占地250公顷，是本州最大的自然保护区之一。法律就生态和环保方面所规定的平衡和补偿措施在这里大部分都已得到有效实施。今后这片保护区将一直得到系统而全面的保养和维护，从而确保其良好的状态并能长久得以保持。同时，一条带有指示牌的小径引领游客们去探索和发现属于他们自己的自然保护区域。丽瑟菲尔德的居民还组成了一个志愿者团队，致力于该地的自然环境保护。并且，一些志愿者还被任命为自然保护巡护员，帮助在那里观光的游客树立环境保护意识。

为了使小区生态规划更加完整，项目组通过实施分散绿化规划将街区内的公共庭院和一些将社区分隔开来的高质量绿地连接起来。这一计划适用于区内的每一块绿地。在开发商递交建筑申请书的同时必须递交开放空间设计方案，正是这一规定确保了"城区绿化计划"能在空地阶段就开始得以细化和实施。项目组在丽瑟菲尔德新区北部临界处建造"下黑尔士马腾运动和休闲区"，在多功能运动场上铺设人工草皮，并在场上划分各式运动区域，场边配套带有更衣室、冲淋间和健身房等设备的室内大厅，城区内的体育协会则负责这块区域的管理和营运。该区域的落成不仅可以为区内学校提供运动设施，而且也为区内广大运动爱好者们提供便利。另外，区内居民的休闲活动被引导到丽瑟菲尔德的北部区域，从而缓解对西部自然保护区的部分压力。

四、区内社会和文化生活

从规划的最初阶段起，小区的社会和文化生活就得到了与技术、生态、城区营销及城市建设等方面同等程度的关注。无论过去还是现在，丽瑟菲尔德项目组都在致力于把该区打造成一流的居住社区。这对增强这个新型城区在弗莱堡房地产市场的竞争力来说是非常必要的——尽管该区的百分之九十是多层公寓大楼及集合型住宅楼。通过这样的方式，可将弗莱堡市由于早期公共基础设施建设投资引发的可能金融风险最小化。迄今为止，该社区的建设过程始终伴随着公众前所未有的关注度和市民参与度。

丽瑟菲尔德如今的社会基础设施主要包括开普勒综合中学及其附属的泽普－格拉泽－体育馆、克拉拉－格伦沃尔德小学、丽瑟菲尔德瓦尔道夫私人学校、"塔卡途卡乐园"少年之家、丽瑟菲尔德幼儿园和"瓦尔德"儿童日托中心、明爱慈善机构"诺亚方舟"管理的儿童日托中心、由弗莱堡1844体操协会经营的体育幼儿园、两所森林幼儿园、一所私人体育俱乐部、青年项目小区会议中心，内设电子阅览室、儿童和青少年媒体中心以及玛丽亚－马格达莱娜普世教会中心、消防站等。2006年5月初,临近克拉拉—格伦沃尔德小学的健身房投入使用,它由两部分组成,可同时租借给体育俱乐部、体育协会和丽瑟菲尔德管理当局使用。自2007年9月以来,克拉拉—格伦沃尔德小学一直都是巴登—符腾堡州最大的小学。为了满足八个班级的需求,克拉拉—格伦沃尔德小学的第二次扩建部分已于2007年底举行了落成仪式。它是一座独立的教学楼,如果学校招生人数缩减,将可以用做其他用途或出让。开普勒中学计划再扩招四个班学生,并成为全日制中学,这一计划已从2007年10月开始实施。"利老亲老"老年公寓区也是对该区社会生活基础设施的一项补充。此外,丽瑟菲尔德瓦尔道夫私人学校的体育多功能厅也正在建设中。

可以说,新区的基础设施正是根据居民的自身需求而量身定制的,在为儿童和青少年准备的基础设施方面尤其如此。两个教堂机构、丽瑟菲尔德居民协会及其委员会、体育俱乐部(SVO)、城区居民自治组织K.I.O.S.K、弗莱堡1844体操协会是城区在社会和文化生活方面最重要的支撑机构和合作伙伴。仅仅过了几年,丽瑟菲尔德现在已经有了非常多样化的社会和文化生活。居民们自己创办了一份地区报纸,派发给当地所有的居民,到2008年6月,这份报纸已经发行了48期。不仅如此,社区内的活动日程表每个月出版一次,同样派发给所有的居民。当地的贸易协

克拉拉·格伦沃尔德小学

丽瑟菲尔德市民中心

会"Rieselmesse e.V."是本地区商人和中小业主们维护自身利益和向外表达心声的自发组织。每年多项的常规节庆活动也同样体现了活动组织者的策划水平以及区内活动的多样性。

1996年弗莱堡市决定采纳弗莱堡基督教应用技术大学的建议，这一决定对小区社会生活的发展起到了关键的作用：除了满足公共基础设施的快速发展需求之外，也呼吁在建设进展过程中同步开展邻里沟通工作，从而推动和支持城区社会文化生活从一开始就得到发展。由丽瑟菲尔德城区信托基金提供资金支持，弗莱堡应用技术大学实践研究联系处接受委托，为小区提供6年的邻里沟通工作咨询服务。

除了和谐的城区总体规划，这项成功并令人满意的城区开发项目还取决于居民对其自身居住社区的强烈认同感，以及随之产生的民众对于新城区的积极而正面的形象。2003年年底，由邻里沟通工作小组衍生出来的K.I.O.S.K.城区居民协会同意承担对社区多功能中心"玻璃大厅"的运营工作，该多功能大厅内设有作为市图书馆分支机构的儿童和青少年媒体资源中心。"玻璃大厅"项目已成为居民自行管理所属社区的一个成功案例。丽瑟菲尔德项目组从最初的规划阶段就一直鼓励公众参与，以此激发居民对他们所居住环境的关注度。

丽瑟菲尔德新区还拥有每年一度的趣味赛跑活动，现在每届有近 2000 名参赛者，这对丽瑟菲尔德公共形象的提升作出了很大的贡献。这一赛事不仅受到社区居民的欢迎，也吸引了大量来自整个弗莱堡地区的民众参与。2009 年丽瑟菲尔德趣味赛跑再一次由小区理疗和赛跑中心 P.U.L.Z. 组织，他们在以往已经成功地组织了 12 次这样的比赛。

五、新区营销策略

丽瑟菲尔德小区项目在房地产市场上的营销始于 1993 年，由于营销手段得当，故而取得了很好的效果。

最初，规划以及营销的目标群体定位于受政府补助的低成本住房、个人出资兴建的租赁房以及拥有产权的公寓楼和家庭住房的消费者。然而，20 世纪 90 年代末，联邦政府的住房补贴政策发生了变化，从支持租赁房转向支持产权房，同时也取消对投资租赁房项目方面的税收优惠政策，这导致房地产市场环境，尤其是对多层公寓住宅楼的开发环境方面，发生了很大的变化。

项目组对此做出的反应是，首先加大对私有产权房和联合建房项目的招商力度。此外，项目组也制定出了针对商业房地产开发商的更灵活的营销策略（包括为他们提供更多的配套服务等）。上述努力获得了很大的成功，因为直到现在，市场对规模较小的投资项目和以私人或商家业主共同体形式的建设项目需求量仍然保持着强劲的势头。除了为数众多的规模不一的投资项目之外，以业主共同体联合建房形式出现的项目比较普遍（主要集中在复合型住宅和多层公寓大楼项目中），目前已有一百多家业主共同体参与各个项目的开发，并且还会有更多的共同体参与进来。尽管建设项目中有 90% 都集中在集合型住宅及多层公寓大楼上，整个项目的营销还是进行的非常成功，主要归功于无附加成本的期权融资和宽松的分期贷款政策等灵活举措。这样就可以更好地对需求进行结构上的控制，从而做到把合理的项目建设到合理的地方上去。对项目组而言，出售的不是地皮本身，而是规划好了的结构，这个目标在新区的发展过程中很大程度地得以实现。

其他有利的因素还有：由于紧邻海德工业区，丽瑟菲尔德的区位优势显得非常突出。此外，丽瑟菲尔德区内的服务业也创造出大量的就业机会。

六、新区项目组织机构

新区开发项目不是由外部的开发商来实施的，而是由一个隶属于市政府的项目组负责开发和管理的，不过这个项目的运行独立于日常的行政管理序列之外。该项目组与来自斯图加特巴符州州立银行下属的一个市政地产发展公司开展合作，进行项目的开发与管理。作为核心架构的丽瑟菲尔德项目组是由弗莱堡市和该公司共同任命的管理团队组成的。

作为项目开发和执行的领导者，项目组对整个项目起着主控的作用，其核心成员来自于城市规划部门和房地产及住房部门的专家团队。必须指出的是，在发展过程中起重要作用的是市议会中的丽瑟菲尔德工作小组，十多年来工作小组已经召开了七十余次的工作会议。这些会议往往邀请市民和 K.I.O.S.K. 城区居民协会的代表就相关项目和发展情况进行坦率和富有建设性的讨论，而不是进行武断的指导。这些亲民的态度往往能在政策和城区层面上增加各界对整个项目的认可度。

七、项目融资

新城区开发项目通过出售市政府所属地块而"自给自足"地满足该项目的绝大部分资金需求。资金独立于市政预算之外，由一个信托公司进行管理。此外，还有一小部分资金来自于政府，主要补贴区内学校和消防站的建设。另外还有一部分资金来源于巴登—符腾堡州州政府对重点建设项目的补贴。

这个项目在资金上其实非常依赖于它在营销和推广方面的成功——不管是在规模，还是在时间的延续性上。从土地平整、联合融资、规划、项目发展到市场营销及公关等各个方面的工作成本都必须由信托资产来解决。另外还包括项目核心组员的人员成本以及规划过程中的所有费用。在公共基础设施方面，初始投资成本由信托资金提供，后续成本由政府预算提供。

在通过市政监管部门的相应审核后，信托资产的运作由项目合作伙伴市政地产发展公司来执行。该项目的信托账户将在 2010 年 6 月 30 日关闭，之后开启或剩余的项目发展将采用各种立项准备金来保障其实施。

八、开发现状与前景

2010 年初区内将会有 9200 位居民住在约 3500 套各类住房里。多楼层住宅单元一直都有很大的需求量，导致几乎所有的可用建筑地块及混合用途地块（即商住地块）都以期房形式出售，这些住房尚处于规划阶段或正在建设中就已经售罄。目前，尽管市场需求依旧非常旺盛，但新区已经饱和而无法提供相应的空地。位于绍尔兄妹广场的商住单元（属于一期规划）内规划有一个折扣商店，已与 2006 年 9 月竣工。此外，小区内正在修建一个超市，根据弗莱堡市对具有"建设义务"的市政项目的合同授予方式，该项目在全欧洲范围内进行公开招标。市议会在 2008 年 10 月底宣布了中标单位，建设施工于 2010 年第一季度正式启动。

丽瑟菲尔德中心大街沿线已经出现了越来越多的商业和住宅综合单元，随着它们的出现，提供零售和各种服务的商家也越来越多。由此，中央轴线的城市特征正在日趋完整。

2010 年初，大约有 7 个项目共 230 套公寓房以及多个商业单元正在建设中。此外还有大约 400 套的公寓房正处于建设准备阶段。经过项目组成功的营销努力，对位于城区入口的从建筑和规划上都非常重要的重点项目规划已经进入实施阶段。按照总体计划，整个丽瑟菲尔德新区的开发将于 2011 年底正式收尾。

尽管在接下来的 2～3 年内，一些单个的建筑工地仍会是小区景观的一部分，但小区的正面形象、丰富而全面且以需求为导向的基础设施以及丰富多彩的公共生活，正不断地吸引着年轻家庭和年长市民选择丽瑟菲尔德作为他们的家园，不管是以租赁者还是购买者的身份。不仅如此，丽瑟菲尔德项目组正在听取公众对未来发展的建议，并积极鼓励居民们的社会参与。居民和城市之间已经形成了坚固的新型伙伴关系，这种伙伴关系很好地经受住了各种冲突的考验。在一座新的社区里，利益和目的的冲突是不可避免的，在这种情况下，大众的福祉和利益应该始终被置于个人利益之上。

社区内业已逐渐形成一个基本原则和共识，即："行塑重于管治"。

丽瑟菲尔德项目的成功之处在于：它不仅留住了城市内的居民，同时也吸引了周边郊区的人们重新回到城里来居住。丽瑟菲尔德已经确立了自身在弗莱堡房地产及住宅市场的地位。秉承可持续发展的精神，弗莱堡在城市发展，住宅建筑及环境政策等方面的重要目标都正得以逐步实现。

丽瑟菲尔德已经成为一个人们渴望的理想居住区，它是社区可持续发展当之无愧的成功典范。

2010 年 1 月
由弗莱堡市规划局供稿
游彬　译　陈炼　校

附件二 城市更新的典范——弗莱堡沃邦城区

历史

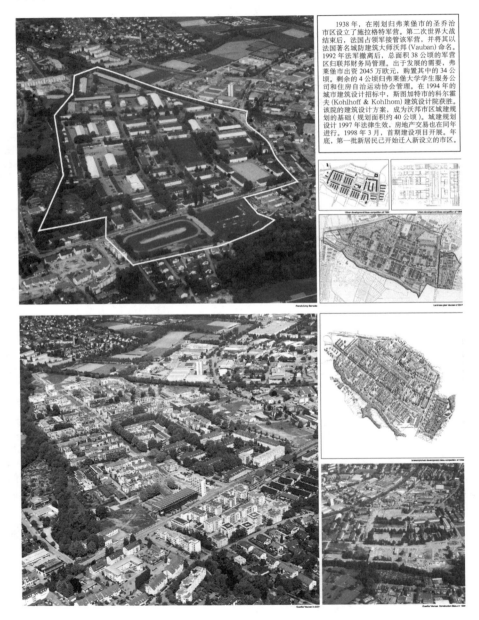

1938 年，在刚划归弗莱堡市的圣乔治市区设立了施拉格特军营。第二次世界大战结束后，法国占领军接管该军营，并将其以法国著名城防建筑大师沃邦 (Vauban) 命名。1992 年法军撤离后，总面积 38 公顷的军营区归联邦财务局管理。出于发展的需要，弗莱堡市出资 2045 万欧元，购置其中的 34 公顷。剩余的 4 公顷归弗莱堡大学学生服务公司和住房自治运动协会管理。在 1994 年的城市建筑设计招标中，斯图加特市的科尔霍夫 (Kohlhoff & Kohlhom) 建筑设计院获胜。该院的建筑设计方案，成为沃邦市区城建规划的基础 (规划面积约 40 公顷)。城建规划设计 1997 年法律生效，房地产交易也在同年进行。1998 年 3 月，首期建设项目开展。年底，第一批新居民已开始迁入新设立的市区。

城区规划

　　沃邦市区的城建规划，以德国经济繁荣时期（19世纪末20世纪初）的方块建筑形式为依据。建筑方块间含纵横行列。纵横行列之首有所谓的行头建筑。行头建筑一般设有连拱廊，集中于沃邦市区主要大街两侧。行头建筑后的居住小区内有横向路障，将不同的街道隔开。楼房的高度限制在13米以下。楼与楼之间的距离按规定不能低于19米。因此，街道和住宅楼的布局十分合理。在没有汽车噪声影响的建筑空隙，设有私人花园。建筑空隙之间的距离一般为20米左右。在重要的地段，亦建有高达25米的标记性大楼。根据沃邦市区的城建规划，约20公顷土地用于民房建设，4.5公顷作为工商业用地和混合用地，1.7公顷作为社区公用地。平均建筑密度约为1.4。纯粹建筑用地与公共绿化地之间的比例将近1：6。

广场设计与规划

保拉·默德尔松广场和阿尔弗雷德·多布林广场是沃邦市区两个最重要的广场。前者位于进入该区的交通要道口,后者则为该区的商业中心。在设计阿尔弗雷德·多布林广场时,市规划局采纳了沃邦区工作组的建议。其基本构思是保证该广场的多功能性和使用项目的多样化。广场的规划以保持现有用地面积为准则。面向保拉·默德尔松广场的旋转正方形不仅使阿尔弗雷德·多布林广场的面积有所增大,而且也将广场划分为不同区域。东西走向的条纹把广场不同区域相互联结。花岗岩条纹上亦可引用阿尔弗雷德·多布林著作中的话语,以纪念这位作家。

The public square Alfred-Döblin-Platz with the mens' market

Alfred-Döblin-Platz with frontage development

Bürgerhaus - the community center

Farmers' market

Farmers' market

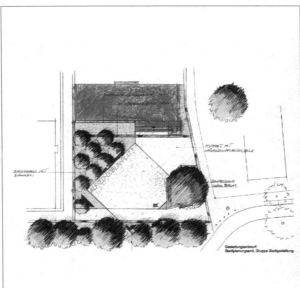

A first draft for Alfred-Döblin-Platz

Gestaltungsentwurf: Stadtplanungsamt, Gruppe Stadtgestaltung

The elementary school at Paula-Modersohn-Platz

The office building "Kleiderhaus" at Paula-Modersohn-Platz

建筑风格

为了使楼房建筑具有灵活性和多样性，规划时特别放弃了对建材、颜色、房顶倾斜度等的限制和规定。沃邦市区建设初期，有诸多规划方面的指导性措施。由于房主和建筑师的主动性高，建筑质量优良，这类指导性措施很快失去实际意义。虽然沃邦区也有一些"出格"的建筑物，但该区建筑风格的多样性和独特性，仍令人大开眼界。建筑规划中出现的新情况，集中体现在地皮面积差别方面：建筑公司或投资者所购买的地皮，面积最大者达5400平方米，最小者仅162平方米。所以，建筑密度高，楼房用途的多样性与综合性、住户的混合性等，都是沃邦区的主要特点，为该区居民所认同。

社会基础设施

Community centre at Möwenström-Platz

主要社会基础设施的建设与完善，对沃邦市区有十分重大的意义。2000 年秋，区内小学开始招收第一批学生。到 2015 年前后，区小学每个年级均设 5 ~ 6 个班。为了适应不断增长的需求，目前已制定了扩建学校的计划。区内的第一个幼儿园开设于 1999 年。如今，沃邦区已拥有三个幼儿园，分为 6 个年龄组。用楼以及公共广场的建造，分别采用竞争招标形式。另外的两个公立幼儿园亦接收不同年龄层次的儿童。区内的市民大厦原为军营俱乐部，现为许多团体与协会的所在地，是居民们聚会和举办各种活动的场所。此外，市民大厦也是基督教不同教派的信徒们共同弥撒的地方。沃邦和新设的丽瑟菲尔德同为弗莱堡市儿童与未成年人口比重最大的市区：十八岁以下者占居民总数的 30% 左右。

Day care centre in Kaha-Verringen-Straße

Side atrip of Kunäna Kaspar elementary school

Day care centre in Adriata-Raconiah-Straße

Day care centre in Möwenström-Straße

The front of Kunäna Kaspar elementary school

商业基础设施

早在2000年，位于太阳能停车大楼底层的沃邦超级市场已落成开业。超市，专售绿色产品的合营商场，每周举办一次的农贸市场，为沃邦区的三大商业支柱。此外，区内一家经营无公害产品的商店和一家日用化妆品商店，仍有很大发展余地。属于该市区工商业基础设施的还有一家药店及多家商品零售店（办公用品店、鲜花店、二手货专卖店等等）。迄今为止，市区内已诞生了约400个就业位置。在不断探索新路子的过程中，产生了许多新兴项目。出现了自行车店、儿童诊所、建筑公司办公室、治疗室、餐馆和住宅等云集一栋楼的新景观。计划在保拉·默德尔松广场北侧修建的商贸及办公大楼，可望于2008年动工。该楼的兴建，对沃邦区工商业基础设施的完善有极大促进作用。

Farmers' market

Commercial property constructed by a group of building owners in Marie-Curie-Straße

交通规划

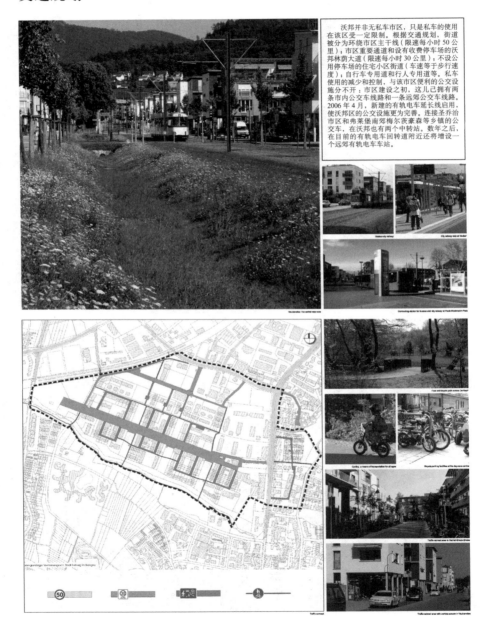

沃邦并非无私车市区，只是私车的使用在该区受一定限制。根据交通规划，街道被分为环绕市区主干线（限速每小时50公里）；市区重要通道和设有收费停车场的沃邦林荫大道（限速每小时30公里）；不设公用停车场的住宅小区街道（车速等于步行速度）；自行车专用道和行人专用道等。私车使用的减少和控制，与该市区便利的公交设施分不开：市区建设之初，这儿已拥有两条市内公交车线路和一条远郊公交车线路。2006年4月，新建的有轨电车延长线启用，使沃邦区的公交设施更为完善。连接圣乔治市区和弗莱堡南郊梅尔茨豪森等乡镇的公交车，在沃邦也有两个中转站。数年之后，在目前的有轨电车回转道附近还将增设一个远郊有轨电车车站。

交通噪声控制

沃邦林荫大道两旁的建筑小区内，按规定不得设置私人停车位。该区设有两个公用停车库（共有 470 个停车位）。拥有私车的住户，必须在此购置停车位。无私车的住户则无此约束。后者如需使用小汽车，可采取合租合用的形式。如有必要，将在沃邦区的西侧增设第三座停车库。此外，沃邦区还在沿街地段为非本区住户及来访者设置了近两百个公用停车位。使用设有公用停车位的街道，车速不得超过每小时 30 公里。沃邦林荫大道两侧的住宅区街道为交通噪声控制区。不设公共停车场。机动车仅在装卸货物等情况下可以驶入。由于私人机动车的使用在该市区大受限制（弗莱堡市每千名居民平均拥有 495 辆机动车；沃邦市区每千名居民仅拥有 85 辆机动车。2000 年数据），区内的交通事故率很低。住宅区街道具有多功能、多用途等特征，是成人和儿童休闲、玩耍的场所。

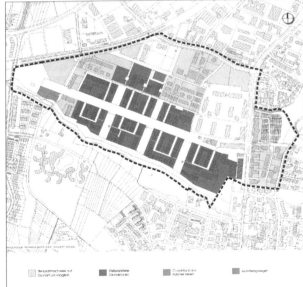

能源规划

沃邦市区的建设方案，从多方面体现了环保意识的作用与影响。环保观点在与未来住户所签订的合同中得以强调和突出。未来住户的房屋建造，须严格遵循弗莱堡市制定的低耗能标准 [耗能标准值65kWh/(m²a)]。部分利用太阳能的楼房（目前共有277个居住单元），耗能标准值甚至低于15kWh/(m²a)。梅尔茨大街东侧的太阳能住宅区，地位尤为突出。这儿的太阳能楼房，均是在自愿的基础上设计建造的。楼房自产的能源量远高于其消耗量。太阳能电池和其他新能源技术为越来越多的房主所采用。设在市区内的热电厂，为沃邦的中心供暖系统（使用太阳能电池的楼房供暖，则与该系统无关。）。热电厂的原料为碎木渣，既供暖，也发电。可满足700户人家的能源需要。

空地／水域

随着沃邦市区建筑面积的不断扩大，区内新开辟了5个公用绿化带。新绿化带的作用在于避免住宅区的建筑过于密集，并使住宅区的划分更有条理。但其主要功能是为成人与儿童提供活动场所，促进整个市区的空气流通。邻近的住户以工作组的形式，参与绿化带的规划和实施。原有林木的保存、保护，在招标竞争中曾为极受重视的内容。当今的沃邦区之所以对人们有如此吸引力，与此紧密相关。建造绿化带的同时，亦为居民增设了可利用空地和生态群落保护区。

沃邦区不设雨水下水道。铺有石砖的明沟将雨水导入两条中心排水渠。雨水在排水渠里缓慢渗入地下，既可补给地下水源，又能减轻排洪沟的负担，使排洪沟下游的居民免遭洪涝之灾。不少住户亦采用蓄水池等收集、利用雨水。

住宅风格

为了避免住宅风格方面的形式单调，满足个人对住宅形式多样化的需求，沃邦市区70%左右的地皮均出售给私人承建。私人承建的住宅包括两大类：单户住宅楼和多户住宅楼。两大类住宅楼的规划与设计同期进行。大多数住宅楼为四层，供多户人家共同使用。这类楼一般分上下两个居住单元，每个单元各占两层楼（二层小公寓式住宅楼），室外有连接楼房上层的拱廊。其他楼房可分为出租房、商品房和多种混合类型，例如集体合用房等等。沃邦市区第三建筑区的五层楼房，确定高度为15米，全部由大建筑公司承建。

（本附件内容由弗莱堡市规划局供稿）

附件三　弗莱堡历史城区保护和规划

弗莱堡市历史／城区

弗莱堡市建于公元1120年，面积约90公顷的老城区，相当于建城之初全城的总面积。约瑟夫皇帝大街和贝托尔德大街／盐街为老城主要街道。两条大街在城中心交汇，形成一个巨大的十字，被称为泽林根十字（泽林根大公为建城人），系城市的特征之一。宏伟壮观的弗莱堡大教堂建于公元1200年至1513年间，由市民集资修建。当时，弗莱堡邻近山区的银矿开采业十分发达，城市经济繁荣，财力雄厚。弗莱堡大教堂修建的年代，正是哥特式建筑艺术的鼎盛时期，因此，大教堂为典型的哥特式风格。另外，弗莱堡大教堂还是世界上唯一一座在中世纪即完工的大教堂。中世纪年代，城市的公用场地十分有限。19世纪，城市经济再度繁荣，现代化进程加快，市内兴修了许多广场。广场和街道上精美的铺石路面，大多建于该时期，至今仍深受人们赞叹。1944年11月27日，盟军轰炸机将市中心大部夷为平地。战后，老城区得以按历史样板重建。从1970年至今，弗莱堡市设立的步行街总面积已超过90公顷，城市人口目前约21万，其中35000人为弗莱堡大学和其他高等院校的学生。从德国和欧洲的角度看，充满活力与生机的弗莱堡属于地区性中心城市，其辐射地区的总人口达100万。

大教堂广场

大教堂广场及其哥特式大教堂，或是弗莱堡居民的宗教生活中心，或是其感情寄托之处。在视觉方面，大教堂广场和大教堂则永远是弗莱堡的中心。该广场原为市民公墓。环绕墓地的墙1785年方被拆除。19世纪初，广场成为市民的公共活动场所，该功能一直保持至今。与此同时，弗莱堡大教堂也从市民教堂演变为主教教区教堂。在1944年11月27日盟军空袭中，大教堂广场70%的建筑物毁于战火。大教堂除部分受损外，基本完好无缺。战后，广场四周的建筑物得以按原样重建与修复。大教堂广场如今为市中心农贸市场。其功能自然不限于此。广场也是举办葡萄酒节，音乐会和宗教仪式的地方。发达的餐饮业和丰富多彩的街头艺术，也是让游客流连忘返的原因。充满生机与活力是广场的一方面；而另一方面则是因过度利用对广场造成的损害。广场原有的气派，常常被人流、货摊和餐桌餐椅等破坏与冲淡。

市政厅广场和奥古斯丁广场

这两个广场均诞生于 19 世纪。它们的前身均为修道院用地。市政厅广场地势平坦，面积约 2025 平方米。它的三面为历史性建筑物环绕：老市政厅与新市政厅，圣马丁教堂以及原弗朗西斯派修道院十字形回廊余部。市政厅为市议会所在地，亦设有市民婚姻登记处。市政厅南侧为商业、餐饮业汇集的地方，同时也是连接市商业中心的通道。行人络绎不绝。

面积 2200 平方米的奥古斯丁广场原为修道院花园。广场设于 19 世纪末，起初为演出戏剧的地方。它的地表倾斜，坡度较大，是地势较高的老城和相对低洼的外城之过度地带。广场上的阶梯、矮墙，可供人们休息、闲坐。中心地带的塑像，系艺术家吕克林姆的作品。广场四周多为公共设施（州法院，博物馆等），亦有儿童游乐场和多家商店、酒店。

上椴树街广场和下椴树街广场

这两个广场属于弗莱堡市历史最为悠久的广场。在最古老的市区地图中已有标明。上椴树街广场的形成，与当时道路分岔口的设置有关。它位于老城地势最高的地方，属老城最古老的部分。大战中，这里未受战火洗劫，昔日的容貌与魅力因而保存至今。该老城区地皮狭小，建筑密度十分高；房屋顶层高而陡；立面色调丰富多彩。广场周围集中了品目繁多的小店铺。广场中心的椴树下有一口古井，井台有镀金的圣母塑像，建材为壳灰岩。

下椴树街广场呈三角形，与地处街道分岔口的上椴树街广场显著不同。该广场在大战中被摧毁，广场中央的老椴树和古井亦未能幸免。这是一个相对宁静、安逸的广场。广场四周小店铺云集。邻近的传教士城门曾经是下椴树街广场的象征，但该古城门目前已不复存在。取而代之的是一座细高的塔状办公大楼。借助这座现代化大楼，古城原有轮廓得以强调和突出。

Oberlinden with Cathedral Tower　Oberlinden Fountain　Oberlinden with Schwabentor

Hanging Clock　Playing with Fountain

Fountain Detail　Historic Street Signs

Unterlinden of Prostitue Gate　Unterlinden Fountain

阿德尔豪斯广场

弗莱堡市广场众多，阿德尔豪斯广场则不愧为其中的佼佼者。该广场属于弗莱堡历史最悠久的广场之一。它位于老城区南缘，为阿德尔豪斯修道院教堂的正门广场。广场面积仅900平方米，上边的栗树成荫。路面采用莱茵河巨鹅卵石铺设，外观十分独特。教堂的外墙颜色深红，给人以非凡的感受。广场上很宁静，没有咖啡馆，也没有嘻闹的人群。它是老年人和希望逃脱闹市喧嚣者的理想去处。该广场实际上是阿德尔豪斯街的加宽部分。阿德尔豪斯街属于最为迷人的古街之一。据说街上的光线十分奇特。

马铃薯市场广场

该广场面积1350平方米，所处位置独特，与老城的中心商业街隔着几栋楼房。广场地面铺有天然鹅卵石，正中央有一口古井，井台精致漂亮。多年来，广场一直是小贩们做生意的地方。弗莱堡老城区的广场，多姿多彩多功能。通过对它们的描述，可加深人们对它们的认识。

Cloister Gate

Old Potato Market Square

人工小溪

弗莱堡市的人工小溪带有传奇色彩。纵横贯流老城区的人工小溪网，在建城初期已诞生。人工小溪的水源来自附近的德莱萨姆河。数百年来，小溪一直为市民提供生活用水，这在德国和欧洲其他城市中均属罕见。暗渠先将河水引至老城最高处的上椴树街广场。从那里起，暗渠遂成为一条明沟。从这条明沟又分化出许多条小明沟，依地势自东向西穿流老城各主要街道。人工小溪在老城西缘，汇集流入那里的运河。中世纪时，人工小溪不仅在居民用水供应方面起主导作用，而且也用于城市消防。如今，老城步行街区的人工小溪在盛夏季节起降温作用，也是儿童们戏水的地方。战后，人工小溪在城市交通的飞速发展中受到忽视，许多地段被封闭。扩建步行街区时，人工小溪再度获得重视。不少地段得以翻修更新。目前，老城区人工小溪网的总长度约5公里。

铺石路面艺术

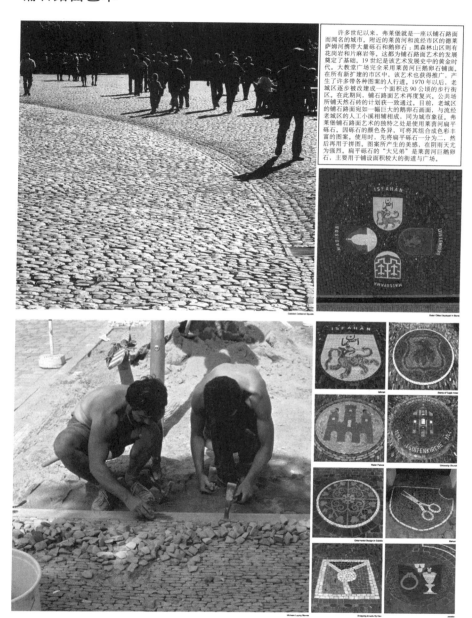

许多世纪以来，弗莱堡就是一座以铺石路面面闻名的城市。附近的莱茵河和流经市区的德莱萨姆河携带大量砾石和鹅卵石；黑森林山区则有花岗岩和片麻岩等。这都为铺石路面艺术的发展奠定了基础。19 世纪是该艺术发展史中的黄金时代。大教堂广场完全采用莱茵河巨鹅卵石铺面。在所有新扩建的市区中，该艺术也获得推广，产生了许多带各种图案的人行道。1970 年以后，老城区逐步被改建成一个面积达 90 公顷的步行街区。在此期间，铺石路面艺术再度复兴。公共场所铺天然石砖的计划获一致通过。目前，老城区的铺石路面宛如一幅巨大的鹅卵石画面，与流经老城区的人工小溪相辅相成，同为城市象征。弗莱堡铺石路面艺术的独特之处是使用莱茵河扁平砾石。因砾石的颜色各异，可将其组合成色彩丰富的图案。使用时，先将扁平砾石一分为二，然后再用于拼图。图案所产生的美感，在阴雨天尤为强烈。扁平砾石的"大兄弟"是莱茵河巨鹅卵石，主要用于铺设面积较大的街道与广场。

市花园与宫堡山

弗莱堡市老城的西北角，有一块小小的风水宝地——市花园。它坐落于宫堡山山脚，面积仅有32000平方米，为自然风景公园。一座十分雅致、呈波浪型的过街天桥将它与老城相连接。邻近的居民仅需步行数米，便可进入这个闹市中的绿洲。园中景物有碧绿的草坪、玫瑰园和池塘等。透过这儿的参天古木，老城的美景和大教堂的雄姿依稀可见。市花园有宁静的角落，也有喧闹的儿童游乐场。人们可在这儿观赏鲜花、水鸟，下棋，从事体育活动，或在露天小剧场欣赏文艺节目。市花园也是去宫堡山公园的首站。宫堡山公园的面积很大，紧挨着老城。山上开辟有无数条供游人使用的通道。沿着山道往高处走，可看到路易十四时期修建的、巴洛克风格的城防堡垒遗迹。站在全景路上，不仅可以鸟瞰弗莱堡全城，观赏近处的黑森林山脉，而且可以远眺邻近的法国阿尔萨斯地区。站在两年前市民集资修建的瞭望塔上眺望四野，景色更是美不胜数。宫堡山上有两家饭馆，为游人提供就餐和休息的去处。另外，宫堡山也是进入黑森林山区漫游的起点站之一。

弗莱堡火车总站

弗莱堡市雄伟富丽的火车总站大楼毁于1944年11月27日盟军的空袭中。战后在废墟上修建的临时火车总站十分简陋，难以称为大楼。火车总站大楼的重建计划虽然多如牛毛，但在德国联邦铁路局私有化以前，均未能付诸实施。私有化后，德国铁路股份公司与弗莱堡市在投资等议题方面进行了合作。新火车总站大楼最后采用 Bilfinger & Berger 公司和建筑师哈特尔以及坎茨勒尔的设计。该设计以多功能多用途为出发点，集服务业，餐饮业和商贸为一体。

新火车总站大楼系组合式楼群，分主楼和两侧的高塔楼等部分。两座高塔楼立面全面铺装太阳能电池。因此，新火车总站大楼已成为弗莱堡代表性建筑之一。大楼南侧新建了市公共汽车总站，斜对面有新建的市立音乐厅大楼和 Dorint 大酒家，与原有的 Intercity 大酒家共同组成高楼群，耸立于市中心的西侧。

城市公共设施

对市内公共场所诸如街道、小巷和广场等的设计与规划，具有非常重要的意义。除了对建筑群、建筑用地和楼房设计的规划外，城市立体设施的设置亦不容忽视。立体设施包括街灯、行人座椅、垃圾箱、广告牌、广告柱等等。人们对城市公共场所印象的好坏，均取决于此。弗莱堡步行街区的规划，始于20世纪70年代末。市规划局对许多公共设施如行人座椅、垃圾箱等进行重新设计。约瑟夫皇帝大街（市中心商业大街）和贝托尔德大街的街灯，由艺术家薛连茨教授设计（薛连茨灯）。弗莱堡老城许多街道，也还保留了传统风格的街灯。只是在技术方面对其进行了更新。对卑斯麦大街的重新设计规划，为弗莱堡增添了许多大都市气派。随之而来的问题是设置相应的照明系统。从技术和气氛两方面考虑，该照明系统应能发出不同的亮度，并具备安装交通红绿灯以及固定路标等功能。

交通规划

沃邦并非无私车市区，只是私车的使用在该区受一定限制。根据交通规划，街道被分为环绕市区主干线（限速每小时 50 公里）；市区重要通道和设有收费停车场的沃邦林荫大道（限速每小时 30 公里）；不设公用停车场的住宅小区街道（车速等于步行速度）；自行车专用道和行人专用道等。私车使用的减少和控制，与该市区便利的公交设施分不开；市区建设之初，这里已拥有两条市内公交车线路和一条远郊公交车线路。2006 年 4 月，新建的有轨电车延长线启用，使沃邦区的公交设施更为完善。连接圣乔治市区和弗莱堡南郊梅尔茨豪森等乡镇的公交车，在沃邦也有两个中转站。数年之后，在目前的有轨电车回转道附近还将增设一个远郊有轨电车车站。

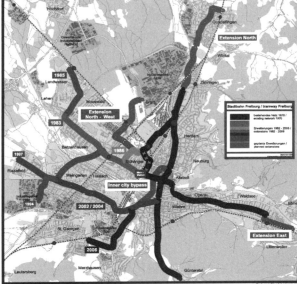

弗莱堡交通政策实施成效

	pedestrians	bicycle	public transport	car passenger / driver	
1982	35%	15%	11%	9%	29%
1999	23%	27%	18%	6%	26%
2020	24%	27%	20%	5%	24%